# CONTRA A PERFEIÇÃO

**Michael J. Sandel**

# CONTRA A PERFEIÇÃO

## ÉTICA NA ERA DA ENGENHARIA GENÉTICA

*Tradução*
Ana Carolina Mesquita

5ª edição

Rio de Janeiro
2025

Copyright © 2007 by Michael J. Sandel
Publicado mediante acordo com a Havard University Press
Título original: *The Case Against Perfection*

Todos os direitos reservados. É proibido reproduzir, armazenar ou transmitir
partes deste livro, através de quaisquer meios, sem prévia autorização por escrito.

Texto revisado segundo o Acordo Ortográfico da Língua Portuguesa de 1990.

Direitos desta tradução adquiridos pela
EDITORA CIVILIZAÇÃO BRASILEIRA
Um selo da
EDITORA JOSÉ OLYMPIO LTDA.
Rua Argentina, 171 – 3º andar – São Cristóvão
Rio de Janeiro, RJ – 20921-380
Tel.: (21) 2585-2000.

Seja um leitor preferencial Record.
Cadastre-se no site www.record.com.br
e receba informações sobre nossos lançamentos e nossas promoções.

Atendimento e venda direta ao leitor:
sac@record.com.br

---

CIP-BRASIL. CATALOGAÇÃO NA PUBLICAÇÃO
SINDICATO NACIONAL DOS EDITORES DE LIVROS, RJ

S198c     Sandel, Michael J., 1953-
              Contra a perfeição : ética na era da engenharia genética /
          Michael J. Sandel ; tradução Ana Carolina Mesquita. - 5. ed. -
          Rio de Janeiro : Civilização Brasileira, 2025.

              Tradução de: The case against perfection
              ISBN 9788520012079

              1. Biotecnologia. 2. Bioética. 3. Engenharia genética -
          Aspectos morais e éticos. 4. Valores. I. Título.

                                                    CDD: 611.01816
13-02762                                            CDU: 575.113

---

Impresso no Brasil
2025

*Para Adam e Aaron*

# AGRADECIMENTOS

Meu interesse pelas questões relativas à ética e à biotecnologia surgiu graças ao convite inesperado que recebi, no fim de 2001, para integrar o recém-formado Conselho de Bioética criado pelo então presidente George W. Bush. Embora eu não seja um bioeticista profissional, fiquei instigado com a perspectiva de refletir sobre controvérsias em torno de temas como pesquisa com células-tronco, clonagem e engenharia genética ao lado de um grupo destacado de cientistas, filósofos, teólogos, médicos, juristas e especialistas em políticas públicas. As discussões foram tão estimulantes e intelectualmente intensas para mim que decidi aprofundar-me em alguns dos assuntos tanto em minhas aulas quanto em meus escritos. Leon Kass, que presidiu o conselho durante os quatro anos em que o integrei, foi amplamente responsável pelo alto nível dos debates. Ainda que nós dois tenhamos fortes diferenças filosóficas e políticas, admiro o olhar preciso de Leon para questões importantes e sou-lhe grato por ter enredado todo o conselho, eu incluído, em investigações bioéticas de amplo alcance que poucos órgãos governamentais levam adiante.

Uma das questões que mais me intrigava dizia respeito à ética do melhoramento genético. Escrevi um breve ensaio sobre o assunto para o conselho e, com o estímulo de Cullen Murphy, transformei-o em um artigo para o *Athlantic Monthly* em 2004. Cullen é o editor dos sonhos de qualquer escritor – um crítico inteligente e compreensivo, dotado de sensibilidade moral aguçada e excelente tino editorial. Devo muito a ele por sugerir o título deste livro e por fomentar o ensaio homônimo que foi publicado, pela primeira vez, nas páginas de sua revista. Também agradeço a Corby Kummer, que ajudou a editar o ensaio a partir do qual nasceu este livro.

Ao longo dos últimos anos tenho tido o privilégio de explorar os temas aqui abordados com os alunos de Harvard (da graduação, da pós-graduação e do direito) em meus seminários sobre ética e biotecnologia. Em 2006, ao lado do meu colega e amigo Douglas Melton, ministrei uma nova disciplina na graduação: Ética, Biotecnologia e o Futuro da Natureza Humana. Além de biólogo destacado, pioneiro no estudo das células-tronco, Doug tem o faro filosófico para fazer perguntas aparentemente inocentes que vão ao cerne da questão. Foi um enorme prazer explorar esses assuntos em sua companhia.

Sou grato por haver tido a oportunidade de testar diversos dos argumentos apresentados neste livro na Moffett Lecture, da Universidade de Princeton; na Geller Lecture, da Escola de Medicina da New York University (NYU); na Dasan Memorial Lecture em Seul, Coreia do Sul; na palestra que fiz em uma conferência internacional em Berlim organizada pela Deutsches Referenzzentrum für Ethik in den Biowissenschaften (DRZE); em uma palestra no Collège de France, Paris; e em um colóquio sobre bioética oferecido em parceria pelo National Institute of Health, pela Johns Hopkins University e pela Georgetown University. Aprendi muito com os comentários e as críticas feitos pelos participantes em todas essas ocasiões. Também agradeço o apoio do programa de pesquisa da Faculdade de Direito de Harvard e do programa Carnegie Scholars da Carnegie Corporation, que me permitiram fazer esse desvio intelectual em meio a um projeto (de certo modo relacionado a este aqui) sobre os limites morais dos mercados.

Gostaria ainda de registrar meus agradecimentos a Michael Aronson, meu editor na Harvard University Press, que conduziu o fechamento deste livro com paciência e cuidado exemplares, e a Julie Hagen pela excelente preparação de texto. Por fim, agradeço acima de tudo à minha esposa, Kiku Adatto, cuja sensibilidade intelectual e espiritual melhorou tanto o livro quanto a mim mesmo. Dedico esta obra aos nossos filhos, Adam e Aaron, que são perfeitos exatamente como são.

# SUMÁRIO

1. A ética do melhoramento    13
2. Atletas biônicos    37
3. Filhos projetados, pais projetistas    55
4. A nova e a velha eugenias    71
5. Domínio e talento    91

**EPÍLOGO**
Ética embrionária: o debate sobre as células-tronco    105
**NOTAS**    131
**ÍNDICE REMISSIVO**    151

# 1. A ÉTICA DO MELHORAMENTO

Alguns anos atrás, um casal de lésbicas decidiu ter um filho, de preferência surdo. As duas parceiras eram surdas, e com orgulho. Tal como outros membros da comunidade do orgulho dos surdos, Sharon Duchesneau e Candy McCullough consideravam a surdez um traço de identidade cultural, e não uma deficiência a ser curada. "Ser surdo é um modo de vida", declarou Duchesneau. "Nós nos sentimos pessoas inteiras na qualidade de surdas e queremos compartilhar os aspectos maravilhosos da nossa comunidade – o sentimento de pertencimento e de ligação – com as crianças. Sentimos verdadeiramente que, como surdas, levamos uma vida plena."[1]

Na esperança de conceber um filho surdo, elas procuraram um doador de esperma cuja família tivesse um histórico de cinco gerações de surdez. E conseguiram. Seu filho Gauvin nasceu surdo.

As novas mães ficaram surpresas quando sua história, que apareceu nas páginas do *Washington Post*, desencadeou amplas críticas. A maior parte do ultraje alheio se centrava na acusação de que elas haviam deliberadamente infligido uma deficiência a seu filho. Duchesneau e McCullough negaram que a surdez fosse uma deficiência e argumentaram que desejavam apenas ter um filho igual a elas. "Não fizemos nada diferente do que muitos casais heterossexuais fazem quando têm filhos, é o que achamos", afirmou Duchesneau.[2]

Será errado ter um filho surdo de propósito? Se sim, o que torna isso errado – a surdez ou o propósito? Suponhamos, a título de argumentação, que a surdez não seja uma deficiência, e sim um traço distinto de identidade. Ainda assim, haveria algo de errado na ideia de os pais escolherem o tipo de filho que desejam ter? Ou será que isso já é o que os pais fazem o tempo inteiro, ao escolherem seu parceiro e, nos dias de hoje, ao se valerem das modernas técnicas de reprodução humana?

Não muito tempo após a controvérsia acerca da criança surda, um anúncio foi publicado no *Harvard Crimson* e em outros jornais universitários da Ivy League.* Um casal infértil estava à procura de uma doadora de óvulos – mas não de qualquer doadora. Ela precisava ter 1,80 metro de altura, ser atlética, não ter maiores problemas médicos no histórico familiar e ter tirado 1.400 pontos ou mais nas provas do SAT.** Em troca do óvulo de tal doadora, o anúncio oferecia US$ 50 mil.[3]

---

\* Grupo de oito universidades privadas dos Estados Unidos, as mais antigas do país: Brown, Columbia, Cornell, Dartmouth, Harvard, Princeton, Yale e University of Pennsylvania. São as instituições de maior prestígio científico no país e no mundo. A denominação tem conotação de excelência acadêmica, elitismo e tradição Wasp (branco, anglo-saxão e protestante). Literalmente, significa liga da hera, também sinal de antiguidade, que cobre os prédios. (*N. da T.*)

\*\* Scholastic Assessment Test, similar ao Exame Nacional do Ensino Médio (Enem) do Brasil. (*N. da T.*)

## A ÉTICA DO MELHORAMENTO

Talvez os pais que tenham oferecido essa soma vultosa por tal óvulo de qualidade superior simplesmente desejassem ter um filho semelhante a eles. Ou talvez estivessem apenas tentando se sair bem na barganha, buscando ter um filho mais alto ou mais inteligente do que eles. Seja qual for o caso, a oferta extraordinária não incitou o protesto público que fora desencadeado pelas mães que desejavam ter um filho surdo. Ninguém argumentou que altura, inteligência e porte atlético fossem deficiências das quais se deveriam poupar as crianças. E, contudo, algo nesse anúncio traz um mal-estar moral persistente. Ainda que nenhum prejuízo esteja envolvido, não existe algo de inquietante no fato de encomendar uma criança com traços genéticos específicos?

Há quem defenda que a tentativa de conceber uma criança surda, ou uma criança que se sairá bem nos estudos, é semelhante à procriação natural em um aspecto crucial: não importa o que os pais façam para aumentar suas chances de obter o resultado desejado, ele não é garantido. As duas tentativas estão sujeitas aos caprichos da loteria genética. Essa defesa levanta uma questão intrigante. Por que a existência de um elemento de imprevisibilidade parece fazer uma diferença moral? E se a biotecnologia pudesse remover o aspecto da incerteza e nos permitisse projetar os traços genéticos que desejamos em nossos filhos?

Enquanto ponderamos sobre a questão, deixemos de lado as crianças por um momento para pensar nos animais de estimação. Cerca de um ano depois do furor em torno da criança deliberadamente surda, uma texana chamada Julie (ela se negou a fornecer o sobrenome) lamentava a morte de seu amado gatinho Nicky. "Ele era tão lindo", disse Julie. "Era excepcionalmente inteligente. Conhecia onze comandos." Então leu a respeito de uma empresa da Califórnia que oferecia um serviço de clonagem de gatos, a Genetic Savings & Clone. Em 2001 a empresa fora bem-sucedida na criação do primeiro gato clonado (chamado CC, sigla de *Carbon Copy* – em inglês, Cópia de Carbono). Julie enviou-lhes uma amostra genética de Nicky e a taxa solicitada de US$ 50 mil. Alguns meses depois, para sua grande alegria, ela recebeu Little Nicky, um gato geneticamente idêntico. "Ele é idêntico", declarou Julie. "Ainda não fui capaz de notar a diferença."[4]

De lá para cá, o site da empresa anunciou uma redução nos custos de clonagem de gatos, que agora pode ser feita por meros US$ 32 mil. Se o preço ainda assim parece salgado, vem com uma garantia de reembolso: "Caso você ache que seu gatinho não se parece o bastante com o doador genético, nós devolveremos seu dinheiro integralmente, sem fazer perguntas." Enquanto isso, os cientistas da empresa continuam tentando desenvolver uma nova linha de produtos: cães clonados. Uma vez que cães são mais difíceis de clonar do que gatos, a empresa planeja cobrar US$ 100 mil ou mais pelo serviço.[5]

Muitas pessoas consideram que existe algo esquisito na clonagem de cães e gatos. Alguns reclamam que, com

A ÉTICA DO MELHORAMENTO

milhares de vira-latas precisando de lares, é inescrupuloso gastar uma pequena fortuna para criar um animal de estimação personalizado. Outros se preocupam com o número de animais perdidos durante as tentativas de criar um clone bem-sucedido. Mas suponhamos que esses problemas pudessem ser resolvidos. Será que a clonagem de cães e gatos ainda assim nos faria relutar? E que dizer da clonagem de seres humanos?

## ARTICULAÇÃO DO NOSSO MAL-ESTAR

As descobertas da genética nos apresentam a um só tempo uma promessa e um dilema. A promessa é que em breve seremos capazes de tratar e prevenir uma série de doenças debilitantes. O dilema é que nosso recém-descoberto conhecimento genético também pode permitir a manipulação de nossa própria natureza – para melhorar nossos músculos, nossa memória e nosso humor; para escolher o sexo, a altura e outras características genéticas de nossos filhos; para melhorar nossas capacidades física e cognitiva; para nos tornar "melhores do que a encomenda".[6] A maioria das pessoas considera inquietantes ao menos algumas das formas de manipulação genética. Entretanto, não é fácil articular nosso mal-estar. Os termos familiares dos discursos moral e político tornam difícil afirmar o que há de errado na reengenharia da nossa natureza.

Consideremos uma vez mais a questão da clonagem. O nascimento de Dolly, a ovelha clonada, em 1997, trouxe consigo uma torrente de preocupações acerca da perspectiva de clonar seres humanos. Existem bons motivos médicos para se preocupar. A maioria dos cientistas concorda que a clonagem é um procedimento arriscado, com grandes chances de produzir crias com anormalidades e defeitos congênitos sérios. (Dolly morreu prematuramente.) Mas suponhamos que a tecnologia de clonagem melhore a ponto de os riscos não serem maiores do que os de uma gravidez comum. A clonagem humana ainda assim seria algo censurável? O que há exatamente de errado em gerar um filho que seja um gêmeo idêntico do pai ou da mãe, de um irmão mais velho que morreu tragicamente ou, até mesmo, de um cientista, um atleta ou uma celebridade admirados?

Alguns afirmam que a clonagem é errada porque viola o direito da criança à autonomia. Ao escolher de antemão as características genéticas do filho, os pais o confinariam a uma vida à sombra de alguém que já existiu e, assim, privariam a criança do direito a um futuro aberto. A objeção da autonomia vale não só contra a clonagem, mas também contra qualquer forma de bioengenharia que permita a escolha de características genéticas. De acordo com essa objeção, o problema da engenharia genética é que as "crianças projetadas" não são inteiramente livres; até mesmo os melhoramentos genéticos desejáveis (digamos, talento musical ou aptidão para os esportes) conduziriam a criança a essa ou

## A ÉTICA DO MELHORAMENTO

àquela escolha de vida, ferindo sua autonomia e violando seu direito à escolha própria de um projeto de vida.

À primeira vista, o argumento da autonomia parece captar o que existe de inquietante na clonagem humana e em outras formas de manipulação genética. Contudo, ele não é persuasivo, por duas razões. Primeiro porque implica erroneamente que, na ausência de um progenitor projetista, as crianças sejam livres para escolher suas características físicas. Ninguém, entretanto, escolhe a própria herança genética. A alternativa a uma criança clonada ou geneticamente melhorada não é uma criança cujo futuro está isento de restrições e do escopo de talentos específicos, mas sim uma criança que está à mercê da loteria genética.

Em segundo lugar, ainda que a preocupação com a autonomia explique parte de nossas preocupações em relação a crianças feitas sob encomenda, ela não explica a inquietação moral em relação a pessoas que buscam melhoramentos genéticos para si próprias. Nem todas as intervenções genéticas são transmitidas gerações afora. A terapia genética em células não reprodutivas (ou somáticas), tais como as fibras musculares ou os neurônios, age no sentido de reparar ou substituir genes defeituosos. O dilema moral surge quando as pessoas utilizam tais terapias não para curar uma doença, e sim para ir além da saúde, para melhorar suas capacidades físicas ou cognitivas, para erguer-se acima da norma geral.

Esse dilema moral nada tem a ver com ferir a autonomia. Apenas as intervenções genéticas no nível da linha germinal, que se concentram em óvulos, espermatozoides ou embriões, afetam as gerações subsequentes. Um atleta que modifica geneticamente seus músculos não transmite a sua prole o aumento de velocidade e força conquistado; ele não pode ser acusado de impingir aos filhos talentos que possam direcioná-los a uma carreira nos esportes. Ainda assim, existe algo de inquietante na perspectiva da existência de atletas geneticamente modificados.

Tal como a cirurgia plástica, o melhoramento genético emprega meios da medicina para fins não medicinais – fins que não estão relacionados à cura ou à prevenção de doenças, ao tratamento de ferimentos ou à recuperação da saúde. No entanto, ao contrário da cirurgia plástica, o melhoramento genético não é puramente cosmético. Vai além do nível superficial. Até mesmo os melhoramentos somáticos, que não atingiriam nossos filhos e netos, suscitam questões morais difíceis. Se nos sentimos ambivalentes em relação à cirurgia plástica e às injeções de botox para corrigir pescoços flácidos e rugas na testa, nossa perturbação é ainda maior diante do uso da manipulação genética para obter corpos mais fortes, memórias mais aguçadas, maior inteligência e melhor humor. A questão é: se temos ou não razão em nos sentir perturbados – e, em caso afirmativo, em que termos?

Quando a ciência avança mais depressa do que a compreensão moral, como é o caso de hoje, homens e mulheres lutam para articular seu mal-estar. Nas sociedades liberais, buscam primeiro a linguagem baseada nos conceitos de autonomia, justiça e direitos humanos. Essa parte de nosso vocabulário moral, no entanto, não nos equipou para abordar temas mais difíceis colocados pelas práticas de clonagem, crianças projetadas e engenharia genética. É por isso que a revolução genômica induziu a uma espécie de vertigem moral. Para compreender a ética do melhoramento, precisamos enfrentar questões que há muito se ausentaram do campo de visão do mundo moderno – relativas ao estatuto moral da natureza e à atitude adequada dos seres humanos em relação ao mundo "dado". Uma vez que elas tocam na teologia, os filósofos e teóricos políticos modernos tendem a evitá-las. Entretanto, os novos poderes da nossa biotecnologia as tornam inevitáveis.

## ENGENHARIA GENÉTICA

Para entender como isso se dá, consideremos quatro exemplos da bioengenharia que já estão delineados no horizonte: melhoramento muscular, da memória e da altura e seleção de sexo. Em cada um desses casos, o que começou como a tentativa de tratar uma doença ou prevenir um distúrbio genético hoje acena como um instrumento de melhoria e uma escolha de consumo.

### Músculos

Todos deveriam receber de braços abertos uma terapia genética capaz de aliviar a distrofia muscular e conter a perda muscular debilitante que surgem com a idade. Mas e se essa mesma terapia fosse utilizada para produzir atletas geneticamente alterados? Pesquisadores desenvolveram um gene sintético que, quando injetado nas fibras musculares de ratos, provoca o crescimento muscular e evita que os músculos se deteriorem com a idade. O êxito traz bons prognósticos para o uso do gene em seres humanos. O dr. H. Lee Sweeney, responsável pela pesquisa, espera que sua descoberta seja capaz de sanar a imobilidade que aflige os idosos. Os ratos curados do dr. Sweeney, entretanto, já atraíram a atenção de atletas que estão em busca de vantagem competitiva.[7] Isso porque o gene não apenas promove a reparação dos músculos lesionados, mas também fortalece os músculos saudáveis. Embora a terapia não esteja ainda aprovada para uso em seres humanos, a perspectiva de halterofilistas, batedores de beisebol, jogadores de futebol americano e corredores geneticamente melhorados é fácil de imaginar. O uso generalizado de esteroides e outras drogas de melhoramento de desempenho no esporte profissional sugere que muitos atletas ficariam ansiosos para se lançar à terapia de melhoramento genético. O Comitê Olímpico Internacional (COI) já está preocupado com o fato de que, ao contrário de drogas e medicamentos, não é possível detectar a presença de genes alterados em testes de urina ou de sangue.[8]

A perspectiva de atletas geneticamente alterados ilustra bastante bem os dilemas que existem em torno do melhoramento genético. O COI e outras ligas profissionais do

## A ÉTICA DO MELHORAMENTO

esporte deveriam banir os atletas geneticamente melhorados? Em caso afirmativo, em que termos? Os dois motivos mais óbvios para banir o uso de drogas nos esportes são a segurança e a igualdade: os esteroides apresentam efeitos colaterais danosos, e permitir que alguns atletas melhorem seu desempenho arriscando-se a prejudicar seriamente a saúde colocaria seus adversários em um pé de injusta desigualdade. Mas suponhamos, a título de argumentação, que a terapia genética de melhoramento muscular fosse segura, ou pelo menos não mais arriscada do que um programa de musculação rigoroso. Será que ainda assim haveria razão para banir o seu uso nos esportes? Sim, existe algo de inquietante em relação ao espectro de atletas geneticamente modificados levantando SUVs, marcando *home runs* de duzentos metros ou correndo dois quilômetros em três minutos, mas o que exatamente nos inquieta ao imaginarmos tais situações? Será apenas porque consideramos tais espetáculos super-humanos bizarros demais para serem contemplados, ou será que nosso mal-estar aponta para algo de relevância ética?

A distinção entre curar e melhorar parece ser de cunho moral, mas não é óbvio em que consiste essa diferença. Pense nisto: se não há problema que um atleta machucado repare uma lesão muscular com a ajuda da terapia genética, por que é errado que esse mesmo atleta estenda a terapia de modo a não apenas curar o músculo, mas também voltar para o páreo melhor ainda do que antes? Podemos argumentar que um atleta geneticamente modificado teria uma vantagem

CONTRA A PERFEIÇÃO

injusta em relação a seus adversários não melhorados, porém o argumento contra o melhoramento apoiado na questão da justiça tem em si uma falha fatal. Sempre houve atletas geneticamente superiores e, contudo, não julgamos que a desigualdade natural da herança genética de uns em relação a outros prejudique a justiça nas competições esportivas. Do ponto de vista da justiça e da igualdade competitiva, as diferenças genéticas provocadas pelo melhoramento não são piores do que as naturais. Além do mais, supondo que seu uso seja seguro, as terapias de melhoramento genético poderiam estar disponíveis para todos. Se o melhoramento genético nos esportes é moralmente censurável, então deve sê-lo por motivos que vão além da justiça e da igualdade.

## Memória

O melhoramento genético é tão possível para o cérebro quanto para os músculos. Em meados da década de 1990, cientistas conseguiram manipular um gene das drosófilas ligado à memória e criaram moscas com memória fotográfica. Mais recentemente, pesquisadores produziram ratos inteligentes ao inserir em seus embriões cópias extras de um gene relacionado à memória. Os ratos modificados aprendem mais depressa e se lembram das coisas por mais tempo do que os ratos normais. Por exemplo, conseguem reconhecer melhor objetos que já viram antes e se lembrar de que determinado som leva

## A ÉTICA DO MELHORAMENTO

a um choque elétrico. O gene que os cientistas refinaram nos embriões de ratos também está presente nos seres humanos e se torna menos ativo com a idade. As cópias extras inseridas nos ratos foram programadas para permanecer ativas mesmo na velhice, e tal melhoria foi transmitida a suas crias.[9]

É claro que o funcionamento da memória humana é mais complicado do que apenas recordar associações simples. Mas empresas de biotecnologia com nomes como Memory Pharmaceuticals estão ensandecidas atrás de medicamentos para melhorar a memória, os chamados "melhoradores cognitivos", para uso em seres humanos. Um dos alvos óbvios para tais drogas são as pessoas que sofrem de distúrbios sérios da memória, como Alzheimer e demência. Mas as empresas já estão de olho em uma fatia do mercado bem maior: os 76 milhões de *baby boomers*\* acima dos 50 anos que estão começando a enfrentar a perda natural de memória que surge com a idade.[10] Um medicamento capaz de reverter a perda de memória relacionada à idade seria uma galinha dos ovos de ouro para a indústria farmacêutica, o "Viagra do cérebro".

Um uso dessa natureza ficaria no meio-termo entre remédio e melhoramento. Ao contrário de uma terapia para Alzheimer, não curaria nenhuma doença, mas, uma vez que restaurasse as capacidades que a pessoa um dia já teve, teria certo aspecto medicinal. Por outro lado, também poderia ser usado para fins absolutamente não medicinais: por exemplo, por um advogado lutando para memorizar fatos para

---

\* Nascidos no *baby boom*, explosão populacional do pós-guerra nos Estados Unidos. (*N. da T.*)

um julgamento ou por um executivo ansioso por aprender mandarim na véspera da sua viagem para Xangai.

Pode-se argumentar, contra o projeto de melhoramento genético da memória, que existem coisas que é melhor esquecer. Para as empresas farmacêuticas, entretanto, o desejo de esquecer não representa nenhum empecilho, e sim mais um segmento de mercado. Quem deseja apagar o impacto de lembranças traumáticas ou dolorosas poderá em breve tomar um medicamento capaz de evitar que os acontecimentos horrendos irrompam de modo vívido na memória. Vítimas de violência sexual, soldados expostos à carnificina da guerra ou membros de equipes de salvamento e resgate obrigados a enfrentar o desfecho de um ataque terrorista poderiam tomar uma droga supressora da memória para nublar um trauma que, de outro modo, talvez os atormentasse por toda a vida. Se o uso de tais drogas tornar-se amplamente aceito, pode ser que um dia elas venham a ser administradas rotineiramente nos prontos-socorros e hospitais militares.[11]

Alguns dos que se preocupam com a ética do melhoramento cognitivo apontam para o perigo de criar duas classes de seres humanos – aqueles com acesso às tecnologias de melhoramento genético e aqueles que precisam se virar com uma memória inalterada que se deteriora com a idade. E se os melhoramentos puderem ser transmitidos de geração em geração, as duas classes poderiam um dia tornar-se subespécies humanas: os melhorados e os naturais. A preocupação com o acesso, entretanto, implora que analisemos a questão do estatuto moral do melhoramento por si mesmo. Se essa situação

## A ÉTICA DO MELHORAMENTO

parece perturbadora é porque os benefícios da bioengenharia seriam negados aos pobres não melhorados ou porque os ricos melhorados estariam de certo modo desumanizados? A mesma problemática apresentada em relação aos músculos vale também para a memória: a questão fundamental não é como assegurar o acesso igualitário ao melhoramento, e sim se devemos aspirar a ele. Será que deveríamos dedicar nossa proficiência tecnológica para curar as doenças e ajudar as pessoas a recuperarem a saúde ou será que também deveríamos nos melhorar reconstruindo nossos corpos e nossas mentes?

### Altura

Os pediatras já estão se defrontando com a ética do melhoramento ao serem interpelados por pais que desejam aumentar a altura dos filhos. A partir dos anos 1980, a terapia com hormônio do crescimento humano foi aprovada para crianças portadoras de uma deficiência hormonal que as torna bem mais baixas do que a média.[12] O mesmo tratamento, porém, também é capaz de aumentar a altura de crianças saudáveis. Alguns pais de crianças saudáveis que estão insatisfeitos com a estatura dos filhos (em geral meninos) pedem pelo tratamento hormonal dizendo que não importa se uma criança é baixa por causa de uma deficiência hormonal ou porque seus pais são baixos. Seja qual for a causa da baixa estatura, as consequências sociais que ela acarreta são idênticas nos dois casos.

CONTRA A PERFEIÇÃO

Diante desse argumento, alguns médicos começaram a prescrever tratamentos hormonais para crianças cuja baixa estatura não tinha nenhuma relação com problemas de saúde. Em 1996, tal uso *off label*\* respondia por 40% das prescrições de hormônio do crescimento humano.[13] Embora não seja ilegal prescrever medicamentos para fins não aprovados pela Food and Drug Administration (FDA), as empresas farmacêuticas são proibidas de promover esse tipo de uso. Buscando expandir seu mercado, uma dessas empresas, a Eli Lilly, recentemente convenceu a FDA a aprovar o uso do hormônio do crescimento humano para crianças saudáveis cuja projeção de altura quando adultas se situasse no percentual mais baixo – menos de 1,60 metro no caso dos meninos e menos de 1,48 metro no caso das meninas.[14] Essa pequena concessão levanta uma grande questão relativa à ética do melhoramento: se os tratamentos hormonais não precisam mais se limitar às crianças com deficiências hormonais, por que deveriam então estar disponíveis somente para crianças muito baixas? Por que não deveriam estar disponíveis a todas as crianças mais baixas do que a média? E que dizer de uma criança de altura normal que desejasse ser mais alta para entrar no time de basquete?

Os críticos chamam o uso eletivo do hormônio do crescimento humano de "endocrinologia cosmética". Os tratamentos

---

\* Termo sem tradução no Brasil, usado dessa maneira, por exemplo, pela Agência Nacional de Vigilância Sanitária (Anvisa). Significa prescrever um medicamento para alguma função não indicada na bula. (*N. da T.*)

## A ÉTICA DO MELHORAMENTO

são caros e os seguros de saúde dificilmente os cobririam. Devem-se aplicar injeções até seis vezes por semana durante dois a cinco anos, a um custo anual de aproximadamente US$ 20 mil – e tudo isso para um ganho potencial de altura de 5 a 7,5 centímetros.[15] Há quem se oponha ao uso do melhoramento para conquistar altura com o argumento de que é coletivamente prejudicial, pois, enquanto alguns se tornam mais altos, outros necessariamente se tornam mais baixos em relação à média. Mas nem todas as crianças podem ter altura mediana, exceto as de Lake Wobegon.* À medida que os não melhorados começarem a se sentir mais baixos, poderão eles também buscar tratamento, o que levará a uma corrida hormonal sem sentido que só agravará ainda mais a situação atual, especialmente de quem não puder pagar para superar a baixa estatura.

Contudo, a objeção da corrida sem sentido não é decisiva em si. Tal como o argumento da justiça contra a bioengenharia utilizada para melhorar os músculos e a memória, ela não analisa as atitudes e disposições que incitam o impulso pelo melhoramento. Se o que nos incomoda fosse apenas a injustiça de acrescentar a baixa estatura ao rol de problemas dos pobres, poderíamos remediar o problema oferecendo terapias de melhoramento genético subsidiadas pelo governo.

---

\* Cidade fictícia do estado de Minnesota, nos Estados Unidos, cujas notícias são narradas no quadro "News from Lake Wobegon" do programa de rádio *A Prairie Home Companion*, criado e apresentado por Garrison Keillor. Ele costuma encerrar o programa com a frase: "Bem, essas foram as notícias de Lake Wobegon, onde todas as mulheres são fortes, todos os homens são boa-pinta e todas as crianças são acima da média." (*N. da T.*)

CONTRA A PERFEIÇÃO

Quanto ao problema da ação coletiva, a criação de um imposto sobre aqueles que pagassem para ser mais altos poderia compensar financeiramente todos os observadores inocentes que se vissem prejudicados pela relativa depreciação da sua altura. A verdadeira questão é se desejamos viver em uma sociedade em que os pais se sintam compelidos a gastar uma fortuna somente para aumentar em alguns centímetros a altura de seus filhos perfeitamente saudáveis.

*Seleção do sexo*

Talvez o mais sedutor dos usos da bioengenharia para fins não medicinais seja a seleção do sexo. Há séculos os pais tentam escolher o sexo dos filhos. Aristóteles aconselhava que os homens que desejavam um menino amarrassem o testículo esquerdo antes da relação sexual. O Talmude ensina que os homens que se contêm e permitem que as mulheres cheguem primeiramente ao orgasmo serão abençoados com um garoto. Outros métodos recomendados envolviam combinar o momento da relação sexual com a época da concepção ou as fases da lua. Hoje a bioengenharia encontra êxito onde os remédios populares falharam.[16]

Uma das técnicas utilizadas para escolher o sexo dos bebês surgiu com os exames pré-natais baseados no ultrassom e na amniocentese. Tais tecnologias foram desenvolvidas para detectar anormalidades genéticas, como espinha bífida e síndrome de Down, mas, como também permitiram

# A ÉTICA DO MELHORAMENTO

detectar o sexo de um feto, possibilitaram que se fizesse o aborto de um feto de sexo indesejado. Mesmo entre os defensores do direito ao aborto, poucas pessoas são a favor do aborto unicamente porque a mãe ou o pai não desejam uma menina. Contudo, em sociedades nas quais existe uma preferência cultural profunda por meninos, o aborto de meninas depois da determinação do sexo por meio dos exames de ultrassom tornou-se uma prática comum. Na Índia, o número de meninas a cada mil meninos caiu de 962 para 927 nas últimas duas décadas. A Índia proibiu o uso de exames de ultrassom para verificação do sexo de bebês, mas a lei raramente é cumprida. Radiologistas itinerantes com máquinas de ultrassom portáteis vão de cidadezinha em cidadezinha apregoando seus serviços. Uma clínica de Mumbai reportou que, de 8 mil abortos feitos ali, apenas um não o foi por motivos relacionados à escolha do sexo.[17]

A seleção do sexo de um bebê, porém, não precisa necessariamente envolver aborto. No caso dos casais que usam a fertilização *in vitro* (FIV), é possível escolher o sexo da criança antes da implantação do óvulo fertilizado no útero. O procedimento, conhecido como diagnóstico genético pré-implantacional (PGD, sigla em inglês para *preimplantation genetic diagnosis*), funciona da seguinte maneira: diversos óvulos são fertilizados em uma placa de Petri. Quando atingem o estágio de oito células (ou seja, depois de aproximadamente três dias), os embriões são testados para determinação do sexo. Os do sexo desejado são implantados; os outros são descartados. Embora poucos casais estejam

CONTRA A PERFEIÇÃO

dispostos a encarar as dificuldades e o custo elevado da FIV apenas para escolher o sexo do filho, os testes embrionários são um meio altamente confiável para a seleção do sexo. E, à medida que aumenta nosso conhecimento sobre genética, pode vir a ser possível utilizar o PGD para descartar outras características genéticas indesejadas, tais como obesidade, baixa estatura ou cor de pele. O filme de ficção científica *Gattaca – Experiência genética*, de 1997, retrata um futuro no qual os pais rotineiramente testam embriões para determinar sexo, altura, imunidade e até mesmo QI. Existe algo de perturbador no quadro exibido em *Gattaca*, mas não é fácil identificar qual é exatamente o problema de testar embriões para escolher o sexo de nossos filhos.

Uma das linhas de objeção se vale de argumentos muito comuns nos debates em torno do aborto. Aqueles que acreditam que um embrião é uma pessoa rejeitam os testes embrionários com base nos mesmos argumentos que usam para rejeitar o aborto. Se um embrião de oito células numa placa de Petri é moralmente equivalente a um ser humano completamente desenvolvido, então descartá-lo é o mesmo que descartar um feto, e ambas as práticas equivalem a infanticídio. Sejam quais forem seus méritos, contudo, esse argumento "em favor da vida" não é especificamente contra a seleção do sexo em si. É contra todas as formas de testagem embrionária, que incluem o PGD usado para determinar doenças genéticas. Pelo fato de a objeção "pró-vida" considerar acima de qualquer outra coisa que os meios utilizados (isto é, o descarte de embriões indesejados) são moralmente

## A ÉTICA DO MELHORAMENTO

errados, ela deixa em aberto se existe ou não algo de errado na seleção do sexo em si.

A tecnologia de ponta usada para a seleção do sexo nos coloca essa questão por si só, sem ser associada ao status moral dos embriões. O Genetics & IVF Institute, uma clínica de infertilidade com fins lucrativos localizada em Fairfax, Virgínia, oferece hoje uma técnica de seleção de espermatozoides que permite que os clientes escolham o sexo dos filhos antes mesmo da concepção. O espermatozoide com cromossomo X (que produz meninas) carrega mais DNA do que o espermatozoide com cromossomo Y (que produz meninos); com o uso de um aparelho chamado citômetro de fluxo, é possível diferenciá-los. A técnica, que foi patenteada sob o nome de MicroSort, apresenta altos índices de precisão: 91% na identificação de meninas e 76% na de meninos. O Genetics & IVF Institute licenciou essa tecnologia no Departamento [Ministério] de Agricultura dos Estados Unidos, que a desenvolveu para a reprodução de gado bovino.[18]

Se considerarmos censurável a seleção de sexo por meio da testagem de espermatozoides, então deve ser por motivos que vão além do debate em relação ao estatuto moral do embrião. Um desses motivos é que a seleção do sexo é um instrumento de discriminação sexual, tipicamente contra meninas, como ilustram as assustadoras desproporções entre os sexos na Índia e na China. Há quem especule que as sociedades nas quais existem mais homens do que mulheres serão menos estáveis, mais violentas e mais propensas ao crime e às guerras do que aquelas nas quais as proporções entre os sexos são normais.[19] Todas essas preocupações são legítimas, mas a empresa de testagem de espermatozoides mencionada criou uma forma inteligente para lidar com elas. A MicroSort só está disponível para casais que desejam escolher o sexo dos filhos com o intuito de balancear a família. Os que têm mais filhos do que filhas podem escolher uma menina e vice-versa. Os clientes não podem utilizar a técnica para colecionar crianças do mesmo sexo, tampouco para escolher o sexo do primeiro filho. Até agora, a maioria dos clientes da MicroSort escolheu meninas.[20]

O caso da MicroSort nos ajuda a isolar a questão moral suscitada pelas tecnologias de melhoramento genético. Deixemos de lado os debates comuns em torno da segurança, do descarte de embriões e da discriminação sexual e imaginemos que as tecnologias de testagem de espermatozoides fossem empregadas em uma sociedade que não favorecesse os homens e que o resultado final fosse um equilíbrio maior na proporção entre os sexos. Será que nessas condições a seleção do sexo continuaria a ser repreensível? E se fosse possível escolher não apenas o sexo, mas também a altura, a cor dos olhos e a cor da pele? Além de orientação sexual, QI, habilidades musicais e aptidão para os esportes? Imagine ainda que o melhoramento genético de músculos, memória e altura fosse aperfeiçoado a ponto de ser seguro e colocado à disposição de todos: nesse caso, deixaria de ser repreensível?

Não necessariamente. Em todos esses casos, persiste algo de moralmente inquietante. O problema não reside somente

# A ÉTICA DO MELHORAMENTO

nos meios, mas também nos fins almejados. É comum dizer que o melhoramento genético, a clonagem e a engenharia genética ameaçam a dignidade humana. Isso é verdade. O desafio, porém, é identificar *como* essas práticas reduzem a nossa humanidade – ou seja, quais aspectos da liberdade humana ou do florescimento humano se veem ameaçados.

# 2. ATLETAS BIÔNICOS

Um dos aspectos da nossa humanidade que pode estar ameaçado pelo melhoramento e pela engenharia genética é nossa capacidade de agir livremente, por nós mesmos, graças a nossos próprios esforços, e de nos considerarmos responsáveis (ou seja, dignos de orgulho ou censura) pelas coisas que fazemos e que somos. Uma coisa é marcar setenta *home runs*\* como resultado de dedicação e treinamento disciplinado, e outra, menor, é conseguir o mesmo com a ajuda de esteroides ou de músculos geneticamente modificados. É claro que tudo é uma questão do grau de dedicação e de melhoramento envolvidos. Mas, à medida que o grau do melhoramento aumentar, nossa admiração pelas conquistas diminuirá. Ou, melhor: nossa admiração pelas conquistas será transferida do jogador para seu farmacêutico.

---

\* Jogada principal do beisebol, em que o rebatedor consegue lançar a bola para fora do campo, o que lhe permite dar uma volta completa por todas as bases. (*N. da T.*)

## O IDEAL ESPORTIVO:
## DEDICAÇÃO *VERSUS* TALENTO

Isso sugere que nossa resposta moral ao melhoramento diz respeito à diminuição da importância da pessoa melhorada no feito que ela realiza. Quanto mais o atleta se apoia em drogas ou artimanhas genéticas, menos seu desempenho representa uma conquista própria. No extremo, podemos imaginar um atleta robótico e biônico que, graças a chips de computador implantados que calculam com precisão o ângulo e o momento da tacada, bate com uma perfeição tal que sempre consegue um *home run*. O atleta biônico, assim, não seria o responsável por suas "realizações"; elas seriam de responsabilidade de seu inventor. De acordo com esse ponto de vista, ao erodir a função humana o melhoramento ameaça nossa humanidade. Sua expressão fundamental é um entendimento completamente mecanicista dos atos humanos, em desacordo com a liberdade humana e a responsabilidade moral.

Embora haja muito o que dizer a esse respeito, não acredito que o principal problema das terapias de melhoramento e da engenharia genética seja o fato de minarem a importância do esforço e diminuírem o papel do ser humano.[1] O problema mais profundo é que elas representam uma espécie de superoperação, uma aspiração prometeica de remodelar a natureza, incluindo a natureza humana, para servir a nossos propósitos e satisfazer nossos desejos. O problema não é o

## ATLETAS BIÔNICOS

desvio para o mecanismo, e sim o impulso à maestria, ao domínio. E o que esse impulso à maestria desconsidera, e pode até mesmo destruir, é a valorização do caráter de dádiva que existe nas potências e conquistas humanas.

Reconhecer o aspecto de dádiva da vida é reconhecer que nossos talentos e nossas potências não são mérito unicamente nosso; não são sequer completamente nossos, apesar de todos os nossos esforços para desenvolvê-los e exercitá-los. É também reconhecer que nem tudo no mundo está aberto a qualquer tipo de uso que possamos desejar ou imaginar. A valorização do aspecto de dádiva da vida restringe o projeto prometeico e conduz a certa humildade. Apesar de em parte ser uma sensibilidade religiosa, seus ecos ressoam para além da religião.

É difícil definir o que admiramos nas atividades e conquistas humanas sem recorrer a alguma versão dessa ideia. Consideremos dois tipos de êxito esportivo. Admiramos jogadores de beisebol como Pete Rose, que não foram abençoados com grandes talentos naturais, mas que conseguem, por meio do esforço e da dedicação, da firmeza e da determinação, se sobressair no esporte. Mas também admiramos jogadores como Joe DiMaggio, cuja excelência consiste na graça e na facilidade com que exibem seus talentos naturais. Agora vamos supor que descobríssemos que ambos usavam drogas para melhorar o desempenho. Qual dos dois atletas acharíamos mais profundamente decepcionante? Qual aspecto do ideal esportivo – o esforço ou o talento – teria sido mais profundamente agredido?

CONTRA A PERFEIÇÃO

Alguns poderiam dizer que teria sido o esforço; o problema das drogas é fornecer um atalho, uma maneira de vencer sem se dedicar. Mas o crucial nos esportes não é a dedicação; é a excelência. E esta consiste, ao menos em parte, na exibição de talentos e dons naturais que não são mérito do atleta que os possui. Esse é um fato desconcertante para as sociedades democráticas. Queremos acreditar que o sucesso, nos esportes e na vida, é algo que conquistamos, e não algo que herdamos. Os talentos naturais (e a admiração que eles inspiram) constrangem a fé meritocrática; lançam dúvidas sobre a convicção de que as recompensas e os elogios fluem unicamente do esforço. Diante desse constrangimento, aumentamos a relevância moral do esforço e da dedicação e depreciamos o talento natural. Podemos observar essa distorção, por exemplo, na cobertura televisiva das Olimpíadas, que se concentra menos nos feitos dos atletas e mais nas histórias comoventes das dificuldades que eles superaram, dos obstáculos que ultrapassaram e da luta que travaram para triunfar sobre uma lesão, ou uma infância difícil, ou os tumultos políticos de seu país de origem.

Se o esforço fosse o ideal esportivo mais elevado de todos, então o pecado do melhoramento seria o fato de ele fornecer um jeito de escapar do treino e do trabalho árduo. Mas esforço não é tudo. Ninguém acredita que um jogador de basquete medíocre que dá tudo de si e treina com afinco ainda maior do que Michael Jordan mereça mais aclamação ou um contrato melhor. O verdadeiro problema dos atletas geneticamente modificados é que eles corrompem a competição esportiva enquanto atividade humana que honra o cultivo e a exibição de talentos naturais. Desse ponto de vista, o melhoramento genético poderia ser encarado como a expressão máxima da ética da dedicação e do empenho, ou seja, como uma espécie de esforço *high tech*. Tanto a ética do empenho quanto os recursos biotecnológicos que agora estão a seu serviço vão contra as pretensões ao talento natural.

## MELHORAMENTO DO DESEMPENHO: *HIGH TECH* E *LOW TECH*

O limite entre cultivar talentos naturais e corrompê-los com artifícios nem sempre é claro. No início, os corredores corriam descalços. Pode ser que aquele que calçou o primeiro par de tênis de corrida tenha sido acusado de corromper a competição. Tal acusação teria sido injusta; desde que todos tenham acesso a esse tipo de calçado, ele destaca, e não obscurece, a excelência que a corrida foi inventada para exibir. Não se pode dizer o mesmo sobre todos os artifícios que os atletas empregam para melhorar seu desempenho. Quando foi descoberto que Rosie Ruiz vencera a Maratona de Boston porque saíra de fininho e percorrera parte do trajeto de metrô, seu prêmio foi revogado. Os casos difíceis se situam em algum ponto entre os tênis de corrida e o metrô.

As inovações em equipamentos são uma espécie de melhoramento e assim estão constantemente sendo colocadas em dúvida: aperfeiçoam ou obscurecem as habilidades

CONTRA A PERFEIÇÃO

essenciais para a competição? Entretanto, parece que as questões mais difíceis são levantadas pelo melhoramento corporal. Os defensores do melhoramento argumentam que as drogas e as intervenções genéticas não são diferentes de outros modos que os atletas empregam para modificar o corpo, tais como dietas especiais, complexos vitamínicos, barras energéticas, suplementos, programas de treinamento rigorosos e até mesmo cirurgias. Tiger Woods enxergava tão mal que nem sequer conseguia ler o "E" grande do painel de exame oftalmológico. Em 1999, ele se submeteu a uma cirurgia a laser com o método Lasik e venceu seus cinco torneios seguintes.[2]

O caráter reparador da cirurgia ocular faz com que ela seja de fácil aceitação. Mas e se Woods tivesse visão normal e desejasse melhorá-la? Ou, digamos, como parece ser o caso, que a cirurgia a laser tenha lhe dado uma visão melhor do que a de um jogador de golfe comum: será que isso faria dela um melhoramento ilegítimo?

A resposta depende de definir se o melhoramento da visão dos golfistas aperfeiçoa ou distorce os talentos e as habilidades que o golfe, na sua máxima expressão, foi criado para pôr à prova. Os defensores do melhoramento têm razão neste ponto: no caso dos golfistas, a legitimidade do melhoramento da visão não está relacionada aos meios que eles empregam para consegui-la – sejam eles cirurgias, lentes de contato, exercícios oculares ou quantidades copiosas de suco de cenoura. O melhoramento é perturbador porque distorce e sobrepuja os talentos naturais, e isso não se res-

## ATLETAS BIÔNICOS

tringe às drogas e modificações genéticas: podemos levantar objeções semelhantes contra alguns tipos de melhoramento que aceitamos comumente, como treinos e dietas.

Quando, em 1954, Roger Bannister tornou-se a primeira pessoa na história a correr uma milha (1,6 quilômetro) em menos de quatro minutos, seu treinamento consistia em correr com os amigos no intervalo do almoço no hospital onde ele trabalhava como residente.[3] Segundo os parâmetros dos programas de treinamento atuais, isso seria o equivalente a correr descalço. Na esperança de aumentar o desempenho dos maratonistas americanos, a Nike hoje patrocina um experimento *high tech* de treinamento em uma "casa de altitude" hermeticamente fechada em Portland, no estado do Oregon. Com a ajuda de filtros moleculares que removem uma quantidade suficiente de oxigênio da casa, o ambiente ali simula o ar rarefeito encontrado em altitudes de 3,5 mil a 5 mil metros. Cinco corredores promissores foram recrutados para morar nessa casa durante quatro a cinco anos, a fim de testar a teoria do treino de resistência baseado no princípio do *live high, train low*, ou "viva no alto, treine no baixo". Dormir à altitude do Himalaia aumenta a produção de glóbulos vermelhos e, portanto, a capacidade de transportar oxigênio pelo sangue, que é um fator crucial para a resistência. Ao treinar no nível do mar – eles correm mais de 100 milhas (160 quilômetros) por semana –, esses atletas conseguem forçar os músculos ao máximo. A casa também é equipada com aparelhos que monitoram a frequência cardíaca, a contagem de glóbulos vermelhos, o consumo

CONTRA A PERFEIÇÃO

de oxigênio, as taxas de hormônios e as ondas cerebrais dos atletas, o que permite que eles estabeleçam a duração e a intensidade do treino de acordo com esses indicadores físicos.[4]

O Comitê Olímpico Internacional ainda não decidiu se proíbe ou não o treinamento na altitude artificial. O COI já baniu outros meios usados pelos atletas para melhorar a resistência por meio do aumento da concentração de glóbulos vermelhos no sangue, que incluíam transfusões e injeções de eritropoietina (EPO), um hormônio produzido pelos rins que estimula a produção de glóbulos vermelhos. Uma versão sintética da EPO, desenvolvida para auxiliar pacientes submetidos a diálise, já se tornou um melhorador de desempenho popular (ainda que ilegal) entre os corredores de longas distâncias, ciclistas e esquiadores de *cross country*. O COI instituiu testagens para EPO nos jogos de Sydney em 2000, mas uma nova forma de terapia genética de EPO pode ser mais difícil de detectar do que a versão sintética. Trabalhando com babuínos, os cientistas descobriram uma maneira de inserir uma nova cópia do gene que produz EPO. Não vai demorar para que corredores e ciclistas geneticamente modificados sejam capazes de produzir níveis de EPO mais altos do que o normal ao longo de uma temporada inteira, ou até mais.[5]

Eis o quebra-cabeça ético: se as injeções de EPO e as modificações genéticas são censuráveis, por que a "casa de altitude" da Nike não é? O efeito no desempenho é o mesmo: elevar a resistência aeróbica e aumentar a capacidade do

44

ATLETAS BIÔNICOS

sangue de transportar oxigênio para os músculos. Espessar o sangue dormindo em um quarto fechado com ar rarefeito não parece mais nobre do que injetar hormônios ou alterar os genes. Em 2006, o Comitê de Ética da Agência Mundial Antidoping seguiu esse mesmo raciocínio ao deliberar que o uso de câmaras e tendas com baixo nível de oxigênio ("aparelhos hipóxicos" artificiais) viola o "espírito esportivo". Essa determinação causou protestos entre ciclistas, corredores e empresas que vendem esses aparelhos.[6]

Se certas formas de treinamento são meios questionáveis de melhorar o desempenho, determinados regimes também são. Ao longo dos últimos trinta anos, o porte dos jogadores de futebol americano da NFL (National Football League) aumentou drasticamente. O peso médio de um atacante do Super Bowl de 1972 consistia em consideráveis 113 quilos. Em 2002, um atacante do Super Bowl pesava em média 137 quilos, e os Dallas Cowboys se vangloriavam de ter o primeiro jogador da NFL acima de 180 quilos, Aaron Gibson, cujo peso oficial situava-se na faixa dos 190 quilos. O uso de esteroides sem dúvida respondeu por parte do aumento de peso dos jogadores, principalmente nas décadas de 1970 e 1980. Os esteroides, entretanto, foram banidos em 1990 – e mesmo assim o aumento de peso continuou, em grande parte devido ao consumo alimentar astronômico dos jogadores ansiosos para se darem bem. Como Selena Roberts escreveu no *New York Times*, "para que alguns jogadores sob intensa pressão ganhem peso, a ciência se resume

CONTRA A PERFEIÇÃO

a um coquetel de suplementos não regulamentados e a um caminhão de cheeseburguers".[7]

Não existe nada de tecnológico em uma montanha de Big Macs. Ainda assim, incentivar atletas a se valerem de dietas megacalóricas para se transformar em escudos humanos e aríetes de quase 200 quilos é tão questionável do ponto de vista ético quanto incentivá-los a se turbinarem com esteroides, hormônio do crescimento humano ou modificações genéticas. Sejam quais forem os meios, a busca por jogadores agigantados é degradante tanto para o esporte quanto para a dignidade de quem transforma o corpo a fim de atender a essas demandas. Um atacante aposentado do Hall da Fama da NFL lamenta que os atacantes gigantescos de hoje, grandes demais para correr *sweeps* e *screens*, consigam fazer apenas uma "bateção" de alto impacto: "É só o que eles fazem. Não são atléticos nem velozes como antes. Não usam os pés."[8] Aumentar o desempenho empanturrando-se com cheeseburguers não cultiva a excelência nos esportes, e sim a sobrepuja em favor de um espetáculo esmaga-ossos truculento.

O argumento mais comum contra drogas como esteroides é que elas prejudicam a saúde dos atletas. A segurança, porém, não é a única razão para se restringirem as drogas e técnicas voltadas para o aumento de desempenho. Mesmo melhoramentos que são seguros e acessíveis para todos podem ameaçar a integridade do esporte. É verdade que, se os regulamentos permitissem toda sorte de drogas, suplementos, equipamentos e métodos de treinamento, usá-los

ATLETAS BIÓNICOS

não seria trapacear – mas trapacear não é o único jeito de corromper um esporte. Honrar a integridade de um esporte significa mais do que jogar conforme as regras ou fazer com que elas sejam cumpridas. Significa fazer as regras de um modo que honrem as excelências cruciais para aquele esporte e recompensem as habilidades dos melhores jogadores.

## A ESSÊNCIA DO JOGO

Alguns modos de jogar, e de se preparar para a competição, correm o risco de transformar o jogo em outra coisa – algo menos parecido com um esporte e mais parecido com um espetáculo. Um jogo em que batedores geneticamente modificados marquem *home runs* rotineiramente pode até ser divertido por algum tempo, mas uma partida dessas não teria nem o drama humano nem a complexidade do beisebol, esporte em que até mesmo os melhores batedores mais falham do que têm êxito. (Até mesmo a diversão de assistir à competição anual de *home runs* da Major League Baseball [MLB], um espetáculo razoavelmente inocente, pressupõe certa familiaridade com a coisa de fato: um jogo em que os *home runs* se apresentam como momentos heroicos em um drama maior e de rotineiros não têm nada.)

A diferença entre esporte e espetáculo é a mesma diferença entre o verdadeiro basquete e o "basquete de trampolim", em que os jogadores se projetam bem acima da tabela para fazer a cesta; é a mesma diferença entre as lutas de

CONTRA A PERFEIÇÃO

verdade e as versões encenadas pela World Wrestling Federation (WWF), em que os lutadores golpeiam o oponente com cadeiras dobráveis. Os espetáculos, ao isolarem e exagerarem por meio do artifício alguma característica marcante de um esporte, depreciam os talentos e dons naturais exibidos pelos melhores jogadores. Em um jogo no qual se permite que jogadores de basquete usem um trampolim, o atletismo de Michael Jordan não pareceria mais tão brilhante.

Claro que nem todas as inovações em matéria de treino e equipamentos corrompem o espírito esportivo. Algumas delas, como as luvas de beisebol e as raquetes de tênis de grafite, até o melhoram. Como podemos distinguir as mudanças que melhoram daquelas que corrompem? Nenhum princípio simples é capaz de resolver de vez a questão. A resposta depende da natureza de cada esporte e de se as novas tecnologias destacam ou obscurecem os talentos e as habilidades que distinguem os melhores jogadores. Os tênis de corrida foram uma melhoria em relação às corridas com pés descalços, pois reduziram o risco de os corredores serem prejudicados por contingências não relacionadas à corrida em si (como pisar em uma pedra pontiaguda e se ferir); os tênis possibilitaram que a corrida se transformasse em uma prova mais fiel para estabelecer quem era o melhor corredor. Permitir que maratonistas usem o metrô para alcançar a linha de chegada, ou que lutadores lutem com cadeiras dobráveis, desdenha das habilidades que as maratonas e as competições de luta foram feitas para testar.

## ATLETAS BIÔNICOS

Os argumentos que versam sobre a ética do melhoramento são sempre, ao menos em parte, argumentos em relação ao *telos*, ou objetivo, do esporte em questão e também sobre as virtudes que têm relevância para o jogo. Isso é verdade tanto nos casos controversos quanto nos óbvios. Consideremos o treinamento. Em *Carruagens de fogo*, um filme que se passa na Inglaterra dos anos 1920, as autoridades da Universidade de Cambridge puniram um de seus atletas mais renomados por ele ter um treinador.[9] Isso, argumentaram, violava o espírito do esporte amador, que, segundo pensavam, incluía o treinamento solitário ou então com um de seus pares. Já o corredor acreditava que o objetivo do esporte universitário era desenvolver o máximo possível os talentos esportivos do atleta e que o treinador o ajudaria a alcançar isso e não o corromperia. Determinar se o treinador era ou não um meio legítimo para melhorar o desempenho passa por determinar qual visão do propósito do esporte universitário e de suas virtudes seria a correta.

Os debates sobre o melhoramento do desempenho surgem tanto na música quanto nos esportes e assumem forma semelhante. Alguns músicos clássicos que têm medo do palco tomam betabloqueadores para se acalmar antes de uma apresentação. Essas drogas, criadas para tratar problemas do coração, reduzem o efeito da adrenalina, diminuem a frequência cardíaca e, assim, ajudam os músicos nervosos a tocarem sem o transtorno de mãos trêmulas.[10] Os opositores dessa prática consideram que apresentações em que os músicos tocam acalmados por medicamentos são uma espécie de trapaça e argumentam que parte da profissão de músico é aprender a superar o medo de modo natural. Já os defensores dos betabloqueadores argumentam que essas drogas não tornam ninguém um violinista ou pianista melhor, simplesmente retiram um impedimento para que os músicos possam exibir seus talentos musicais naturais. O que está em debate é a discordância quanto ao que constitui a excelência musical: será que a tranquilidade diante de uma casa cheia é uma virtude intrínseca a uma ótima apresentação musical ou será que isso é meramente secundário?

Às vezes os melhoramentos mecânicos podem ser mais deturpadores do que os farmacológicos. Recentemente, as salas de concerto e as óperas passaram a instalar sistemas de amplificação de som.[11] Os amantes da música reclamaram que microfonar os músicos macula o som e degrada a arte. Cantar bem uma ópera não diz respeito apenas a atingir as notas de modo preciso, argumentam eles, mas também a saber projetar a voz humana natural até o fundo da plateia. Para os cantores que tiveram treinamento clássico, projetar a voz não é apenas uma questão de aumentar o volume, é parte da arte. A estrela operística Marilyn Horne chama o melhoramento da amplificação de "o beijo da morte no canto de qualidade".[12]

Anthony Tommasini, crítico de música clássica do *New York Times*, descreve como a amplificação sonora transformou, e de certa forma degradou, os musicais da Broadway:

## ATLETAS BIÔNICOS

> Em suas empolgantes décadas iniciais, o musical da Broadway era um gênero estimulante e culto em que o texto inteligente se misturava de modo engenhoso com a música ágil, moderna ou melancolicamente melodiosa. Em essência, porém, era uma forma de arte movida pelo texto (...) No entanto, quando a amplificação tomou conta da Broadway, as plateias inevitavelmente ficaram menos alertas, mais passivas. Isso começou a mudar todos os elementos do musical, desde as letras (que foram ficando menos sutis e intrincadas) até os temas e estilos musicais (quanto mais grandiosos, ostensivos e baratos, melhor).

À medida que os musicais começaram a se tornar "menos cultos e mais óbvios", cantores com vozes de "dimensões operísticas foram marginalizados" e o gênero se transformou em espetáculos melodramáticos, como *O fantasma da ópera* e *Miss Saigon*. Conforme o musical se adaptava à amplificação, "enquanto forma de arte ele se reduziu, ou no mínimo se transformou em algo diferente".[13]

Temendo que a ópera possa sofrer um destino semelhante, Tommasini deseja que o formato tradicional não amplificado de ópera seja preservado como uma opção, ao lado da versão eletronicamente melhorada. Essa sugestão faz lembrar propostas de competições esportivas paralelas de atletas melhorados e não melhorados. Tal proposta foi feita por um entusiasta das terapias de melhoramento na *Wired*, uma revista de tecnologia: "Que se crie então uma liga para o batedor de *home run* geneticamente modificado e outra

CONTRA A PERFEIÇÃO

para o batedor de escala humana. Uma competição para o corredor turbinado à base de hormônios de crescimento e outra para o lerdo orgânico". O repórter estava convencido de que as ligas bombadas conquistariam maiores índices de audiência do que suas contrapartes naturais.[14]

É difícil dizer se a ópera tradicional e a amplificada ou as ligas de atletas turbinados e as de "orgânicos" poderiam coexistir por muito tempo. Tanto nas artes quanto nos esportes, as versões tecnologicamente melhoradas de uma prática raras vezes deixam inalteradas as antigas versões; as normas mudam, as plateias ficam desacostumadas e o espetáculo exerce certo fascínio, ainda que nos prive do acesso não adulterado aos talentos e dons humanos.

Avaliar as regras das competições esportivas segundo sua adequação às excelências essenciais ao esporte pode parecer, para alguns, algo excessivamente moralista, uma reminiscência da sensibilidade arcaica e aristocrática dos acadêmicos de Cambridge retratados em *Carruagens de fogo*. Mas é difícil entender o que nós admiramos nos esportes sem fazer certos julgamentos em relação ao que é o objetivo do jogo e quais são suas virtudes relevantes.

Considere agora a outra opção. Algumas pessoas negam que o esporte tenha um objetivo. Rejeitam a ideia de que as regras de um jogo devam se adequar ao *telos* do esporte e honrar os talentos exibidos pelos bons jogadores. Segundo essa visão, as regras de qualquer jogo são completamente arbitrárias e somente se justificam pelo entretenimento que fornecem e pelo número de espectadores que atraem.

## ATLETAS BIÔNICOS

A manifestação mais clara desse ponto de vista surgiu, por incrível que pareça, em uma declaração do juiz Antonin Scalia, da Suprema Corte americana. O caso envolvia um golfista profissional que, incapaz de andar sem sentir dor devido a uma doença congênita na perna, abriu um processo com base na Lei dos Americanos com Deficiência (ADA) reivindicando o direito de utilizar um carrinho de golfe nos torneios profissionais. A Suprema Corte determinou que o pedido era legítimo, julgando que caminhar pelo campo não era um aspecto essencial do golfe. Scalia se opôs e argumentou que é impossível distinguir quais características são essenciais e quais são incidentais em um esporte ou jogo: "Afirmar que algo é 'essencial' é dizer, em outras palavras, que ele é necessário para o cumprimento de determinado objetivo. Mas, dado que é da própria natureza do jogo não ter outro objetivo exceto entreter (é isso o que distingue os jogos e esportes das atividades produtivas), é impossível afirmar que qualquer uma das regras arbitrárias de um jogo seja 'essencial'." Uma vez que as regras do golfe "são, como em todos os jogos e esportes, completamente arbitrárias", argumentou Scalia, não há fundamentos para julgar de modo crítico as regras estabelecidas pelas associações que regulam tais esportes.[15]

A visão de Scalia, porém, não convence e pareceria esquisita a qualquer admirador dos esportes. Se as pessoas realmente acreditassem que as regras de seu esporte favorito são arbitrárias, e não especificamente projetadas para destacar e enaltecer determinados talentos e determinadas virtudes dignos de admiração, não se importariam com o resultado das competições.[16] O esporte se transformaria em um espetáculo; uma fonte de divertimento, e não um motivo de admiração. Deixando de lado as considerações em relação à segurança, não haveria motivo para restringir as drogas de melhoramento do desempenho e as modificações genéticas; ou pelo menos nenhum motivo que estivesse relacionado à integridade do jogo, e não ao tamanho da torcida.

A degeneração do esporte em espetáculo não é exclusividade da era da engenharia genética, mas ilustra como as tecnologias de melhoramento do desempenho, genéticas ou não, podem desgastar aquela parte do desempenho atlético e artístico que enaltece os talentos e dons naturais.

## 3. FILHOS PROJETADOS, PAIS PROJETISTAS

A ética do talento, que nos esportes vem sendo vítima de um cerco, ainda existe na criação dos filhos – mas aqui também a bioengenharia e o melhoramento genético ameaçam expulsá-la de cena. Valorizar os filhos como dádivas é aceitá-los como são, e não vê-los como objetos projetados por nós, ou produtos de nossa vontade, ou instrumentos de nossa ambição. O amor de um pai ou de uma mãe não depende dos talentos e atributos que o filho porventura tenha. Escolhemos nossos amigos e parceiros baseando-nos, pelo menos em parte, nas qualidades que julgamos atrativas, mas não escolhemos os nossos filhos. Suas qualidades são imprevisíveis e nem mesmo os pais mais cuidadosos podem ser responsabilizados completamente pelo tipo de filho que têm. É por isso que a maternidade e a paternidade, mais do que quaisquer outras formas de relacionamento humano, ensinam o que o teólogo William F. May chama de "abertura para o inesperado".[1]

CONTRA A PERFEIÇÃO

## MOLDAR E CONTEMPLAR

A frase marcante de May descreve uma qualidade de caráter e sentimento que restringe o impulso à maestria, ao domínio e ao controle e que incita a ver a vida como uma dádiva. Ela nos ajuda a perceber como a mais profunda objeção moral ao melhoramento não reside tanto na perfeição que ele busca, e sim na disposição humana que ele expressa e promove. O problema não é que os pais usurpem a autonomia do filho que projetam (pois a criança não poderia mesmo escolher suas características genéticas). O problema reside na *hybris* dos pais projetistas, no seu impulso de controlar o mistério do nascimento. Ainda que tal disposição não transforme os pais em tiranos em relação a seus filhos, ela desfigura a relação entre ambos e priva os pais da humildade e do aumento de empatia humana que a abertura ao inesperado é capaz de promover.

Valorizar os filhos como dádivas ou bênçãos não é ser passivo diante da doença ou da enfermidade. Curar uma criança doente ou ferida não sobrepuja suas capacidades naturais; ao contrário, permite que elas floresçam. Embora os tratamentos médicos intervenham na natureza, eles assim o fazem em nome da saúde e, portanto, não representam uma tentativa sem limites de maestria e dominação. Nem mesmo as mais extenuantes tentativas de tratar ou curar uma doença constituem um ataque prometeico àquilo que nos é dado. O motivo disso é que a medicina é governada,

## FILHOS PROJETADOS, PAIS PROJETISTAS

ou pelo menos guiada, pelo princípio de restaurar e preservar as funções humanas naturais que constituem a saúde.

A medicina, tal como os esportes, é uma prática dotada de propósito, de um *telos* que a norteia e a restringe. É claro que o que se considera saúde ou funcionamento humano normal é algo aberto à discussão; não é apenas uma questão biológica. Há controvérsias, por exemplo, quanto a se a surdez é uma deficiência a ser curada ou uma forma de comunidade e identidade a cultivar. Contudo, mesmo essa discussão surge a partir do ponto pacífico de que o objetivo da medicina é promover a saúde e curar as doenças.

Algumas pessoas argumentam que na obrigação de um pai de curar um filho doente está implícita a de melhorar um filho saudável, de maximizar seu potencial para que ele alcance o sucesso na vida. Contudo isso somente é verdadeiro se aceitarmos a ideia utilitária de que a saúde não é um bem humano distintivo, e sim apenas um meio de maximizar nossa felicidade e nosso bem-estar. O bioeticista Julian Savulescu argumenta, por exemplo, que "a saúde não tem valor intrínseco", apenas "valor instrumental", é um "recurso" que nos permite fazer o que desejamos. Esse tipo de pensamento em relação à saúde rejeita a distinção entre cura e melhoramento. De acordo com Savulescu, os pais não apenas têm o dever de promover a saúde dos filhos como também a "obrigação moral de modificá-los geneticamente". Os pais deveriam utilizar a tecnologia para manipular a "memória, o temperamento, a paciência, a empatia, o senso de humor, o otimismo" e outras características dos filhos, a fim de lhes dar "a melhor oportunidade de ter uma vida melhor".[2]

Mas é um erro pensar na saúde em termos exclusivamente instrumentais, como um meio de maximizar alguma outra coisa. A boa saúde, assim como o bom caráter, é um elemento constitutivo do florescimento humano. Embora seja melhor ter mais saúde do que ter menos, pelo menos dentro de certos limites, a saúde não é o tipo de recurso que pode ser maximizado. Ninguém deseja ser um virtuose na saúde (exceto talvez os hipocondríacos). Na década de 1920, os eugenistas faziam campeonatos de saúde em feiras estaduais e davam prêmios às "famílias em melhor forma". Essa prática bizarra, porém, ilustra a tolice de se pensar na saúde em termos instrumentais, ou como um recurso a ser maximizado. Ao contrário dos talentos e traços que possibilitam o sucesso numa sociedade competitiva, a saúde é um bem limitado; os pais podem buscá-la para seus filhos sem correr o risco de ser atraídos para uma competição crescente sem sentido.

Ao cuidarem da saúde dos filhos, os pais não os convertem em produtos da sua vontade ou instrumentos da sua ambição, nem se lançam ao papel de projetistas. Não se pode dizer o mesmo daqueles que pagam quantias exorbitantes para escolher o sexo do filho (por motivos alheios à medicina) ou que desejam projetar com a bioengenharia os dotes intelectuais e as competências esportivas da sua prole. Como

## FILHOS PROJETADOS, PAIS PROJETISTAS

todas as distinções, o limite entre terapia e melhoramento se torna indistinto nos extremos. (Que dizer da ortodontia, por exemplo, ou da terapia com hormônio do crescimento no caso de crianças muito baixas?) Isso, porém, não obscurece o motivo pelo qual essa distinção é importante: os pais que desejam melhorar os filhos têm mais probabilidade de exagerar, de expressar e defender atitudes que vão contra o princípio do amor incondicional.

É claro que o amor incondicional não exige que os pais deixem de moldar e dirigir o desenvolvimento de seus filhos. Muito pelo contrário; os pais têm a obrigação de cultivar os filhos, de ajudá-los a descobrir e desenvolver seus talentos e dons. Como aponta May, o amor parental tem dois aspectos: aceitar o amor e transformar o amor. Aceitar o amor busca reafirmar o caráter da criança, enquanto transformar o amor busca seu bem-estar. Um lado do amor parental corrige os exageros do outro: "O apego se torna quietista demais quando descamba para a mera aceitação da criança como ela é." Os pais têm o dever de promover a excelência dos filhos.[3]

Hoje, no entanto, os pais exageradamente ambiciosos tendem a perder a medida na transformação do amor, ao promover e exigir todo tipo de conquista dos filhos em busca da perfeição. "Os pais sentem dificuldade para equilibrar os dois lados do amor", observa May. "Aceitar o amor, sem transformá-lo, descamba para a indulgência e por fim para a negligência. Transformar o amor, sem aceitá-lo, vira um tormento e no fim termina em rejeição." May faz um paralelo

## CONTRA A PERFEIÇÃO

desses dois impulsos conflitantes com a ciência moderna: ela também nos pede que observemos o mundo natural, que o estudemos e o saboreemos, ao mesmo tempo que nos pede para moldá-lo, transformá-lo e aperfeiçoá-lo.[4]

A obrigação de moldar nossos filhos, de cultivá-los e melhorá-los complica o argumento contra o melhoramento. Admiramos os pais que buscam o melhor para seus filhos, que não poupam esforços para ajudá-los a conquistar a felicidade e o sucesso. Qual é, então, a diferença entre oferecer essa ajuda por meio da educação e da disciplina e fornecê-la por meio do melhoramento genético? Alguns pais conseguem vantagens para os filhos ao matriculá-los em escolas caras, contratar professores particulares, mandá-los a acampamentos de tênis, aulas de piano, de balé, de natação, de preparação para os exames de admissão à universidade e assim por diante. Se isso é admissível, e até mesmo admirável, então por que não é igualmente admirável que os pais se valham de quaisquer tecnologias genéticas à disposição (desde que sejam seguras) para melhorar a inteligência, a habilidade musical ou a competência esportiva dos seus filhos?

Os defensores do melhoramento argumentam que, em princípio, não existe diferença entre melhorar as crianças por meio da educação ou por meio da bioengenharia. Os críticos do melhoramento insistem em que tentar melhorar as crianças por meio da manipulação de sua carga genética é algo que remonta à eugenia, aquele movimento desacreditado do século passado que visava a melhorar a raça humana

## FILHOS PROJETADOS, PAIS PROJETISTAS

por meio de políticas (inclusive esterilização forçada e outras medidas hediondas) voltadas para o aprimoramento genético. Essas analogias rivais ajudam a esclarecer o estatuto moral do melhoramento genético. Será o afã de melhorar os filhos por meio da engenharia genética mais parecido com a educação e a disciplina (algo presumivelmente bom) ou mais parecido com a eugenia (algo presumivelmente ruim)?

Os defensores do melhoramento têm razão neste quesito: melhorar os filhos com o uso da engenharia genética é semelhante, em espírito, às práticas de puericultura pesadas e de alta pressão que se tornaram tão comuns hoje. Entretanto, isso não justifica o melhoramento genético; pelo contrário, apenas destaca o problema da tendência ao hiperempenho parental, que gera os chamados hiperpais.[5] Os exemplos mais chamativos são os pais alucinados por esportes determinados a transformar os filhos em campeões. Às vezes eles conseguem, como foi o caso de Richard Williams, que declaradamente planejou a carreira de tenista das filhas, Venus e Serena, antes mesmo de elas nascerem; ou de Earl Woods, que entregou um taco de golfe ao pequeno Tiger quando ele ainda brincava no cercadinho. "Vamos ser sinceros, nenhuma criança se dedica a um esporte desse jeito", declarou Richard Williams ao *New York Times*. "São os pais que fazem isso, e sou culpado por isso. Se você não planejar, acredite, a coisa não vai acontecer."[6]

Pode-se encontrar um sentimento semelhante fora das fileiras dos esportes de elite, entre os pais esmerados que ficam nas margens dos campos de futebol e dos de beisebol

## CONTRA A PERFEIÇÃO

da Little League* em todo o país. A epidemia da intrusão e da competitividade parentais é tão intensa que as ligas de esportes juvenis buscaram controlar o problema estabelecendo áreas onde é proibida a circulação dos pais, fins de semana silenciosos (nada de torcida e berros) e prêmios para o espírito esportivo e a contenção dos pais.[7]

Sofrer com a intimidação parental nas margens dos campos e das quadras não é o único preço que os jovens atletas pagam por ter hiperpais. À medida que a prática de jogos e esportes por lazer foi abrindo caminho para ligas esportivas organizadas e administradas por pais exigentes, os pediatras passaram a relatar um aumento alarmante das lesões por esforço entre adolescentes. Hoje, lançadores de 16 anos passam por cirurgias de reconstrução do cotovelo, coisa que antes era feita apenas por lançadores da liga principal de beisebol americana que desejavam prolongar suas carreiras. O dr. Lyle Micheli, diretor de medicina esportiva do Hospital Infantil de Boston, afirma que 70% dos jovens que ele trata sofrem de lesões por esforço, em comparação com 10% há 25 anos. Os médicos do esporte atribuem a epidemia de lesões dessa natureza à tendência crescente de fazer os filhos se especializarem em um único esporte desde muito cedo e treinarem o ano inteiro. "Os pais acham que estão maximizando as chances dos filhos ao se concentrarem

---

* Little League Baseball and Softball é uma instituição sem fins lucrativos que organiza campeonatos locais de beisebol e softball para crianças e adolescentes entre 4 e 18 anos de idade nos Estados Unidos. (*N. do E.*)

## FILHOS PROJETADOS, PAIS PROJETISTAS

em um único esporte", disse o dr. Micheli. "Os resultados nem sempre são os esperados."[8]

Os diretores das ligas esportivas juvenis e os pediatras especializados em medicina do esporte não são os únicos que estão atrás de maneiras para controlar os pais dominadores. Os administradores de faculdades também reclamam de problemas crescentes com pais ansiosos para controlar a vida dos filhos – eles preenchem os formulários de admissão, telefonam para pressionar o setor administrativo, ajudam os filhos a escreverem suas monografias, dormem escondidos nos conjuntos residenciais estudantis. Alguns pais chegam a ligar para os funcionários da faculdade para pedir que acordem o filho de manhã.[9] "Os pais dos universitários perderam o controle", afirma Marilee Jones, diretora do Departamento de Admissões do Massachusetts Institute of Technology (MIT), que assumiu para si a missão de rechaçar os pais ansiosos.[10] Judith R. Shapiro, presidente do Barnard College, concorda. Em uma coluna intitulada "Como manter os pais fora do campus", ela escreveu:

> A sensação de terem direito a qualquer coisa por serem consumidores, ao lado da incapacidade de abrir mão do controle, leva alguns pais a desejarem administrar todos os aspectos da vida universitária dos filhos – do processo de admissão até a escolha de uma carreira. Esses pais, embora ainda sejam exceção, constituem um traço crescente na vida das faculdades e dos diretores dos departamentos acadêmicos.[11]

CONTRA A PERFEIÇÃO

O impulso frenético de moldar e administrar a carreira acadêmica dos filhos se intensificou na década passada, à medida que os *baby boomers*, acostumados a sempre estar no controle, se preparam para mandar os filhos para a faculdade. Uma geração atrás, poucos alunos do ensino médio se incomodavam em estudar para os exames de admissão à universidade. Hoje os pais gastam fortunas em cursos preparatórios, professores particulares, livros e *softwares* para que seus filhos enfrentem o exame admissional para o ensino superior, transformando tais preparativos em uma indústria de US$ 2,5 bilhões.[12] Entre 1992 e 2001, a Kaplan, a líder do ramo, assistiu a um aumento de 225% em seus lucros.[13]

Os cursos preparatórios para o exame de admissão à universidade não são o único meio com que os endinheirados ansiosos tentam polir e embrulhar sua prole para a universidade. Psicólogos especializados em educação relatam que cada vez mais pais os procuram querendo que seu filho, aluno do ensino médio, seja diagnosticado com alguma deficiência de aprendizagem apenas para ter direito a mais tempo para responder ao exame. Essa "compra de diagnósticos" aparentemente foi desencadeada pela declaração em 2002 do College Board (entidade responsável por exames de admissão nos Estados Unidos) de que não mais colocaria um asterisco ao lado da pontuação dos alunos que receberam mais tempo para responder ao exame por ter alguma deficiência de aprendizagem. Os pais pagam aos psicólogos até US$ 2,4 mil por uma avaliação e US$ 250 por hora de serviço para que eles testemunhem em favor do aluno diante da escola ou do Educational Testing Service (Serviço de Exames Educacionais), que elabora o exame de admissão à universidade. Se um psicólogo se recusar a fornecer o diagnóstico desejado, eles procuram outro.[14]

O hiperempenho parental é extenuante e consome muito tempo, por isso alguns pais resolveram terceirizar o serviço, contratando conselheiros e consultores particulares. Por valores que chegam a até US$ 500 a hora, profissionais particulares especializados orientam os alunos nos rigores do processo seletivo universitário: ajudam-nos a escolher onde tentar vagas, elaborar redações de admissão, redigir currículos e treinar para entrevistas. Esse apoio à ansiedade parental fez com que o negócio do aconselhamento particular se transformasse em uma indústria. Segundo a Independent Educational Consultants Association (Associação de Consultores Educacionais Autônomos), que representa a categoria, hoje mais de 10% dos ingressantes nas universidades se valeram de ajuda particular para isso, contra apenas 1% em 1990.[15]

A empresa mais renomada do ramo, a IvyWise, de Manhattan, oferece um "pacote platinum" de dois anos para auxiliar os aspirantes a universitários por US$ 32.995.[16] Por essa bela quantia, Katherine Cohen, fundadora da empresa, começa desde cedo com seus clientes e lhes indica que atividades extracurriculares, trabalhos voluntários e cursos de verão eles devem fazer já no ensino médio a fim de incrementar o currículo e aumentar as chances de admissão. Ela não apenas apregoa os jovens para as universidades como

CONTRA A PERFEIÇÃO

também ajuda no desenvolvimento do "produto" – ou seja, é um verdadeiro hiperpai terceirizado. "Não oriento para a universidade", afirma Cohen. "Oriento para a vida."[17] Para alguns pais, a luta para preparar o filho para as faculdades de elite começa desde a mais tenra infância. O sócio de Cohen oferece um serviço chamado IvyWise Kids, que atende às necessidades dos pais ansiosos por conquistar vagas para os filhos nas escolas de ensino fundamental particulares mais concorridas da cidade de Nova York (as chamadas Baby Ivies*) e nas escolas de educação infantil mais cobiçadas que lhes servem de trampolim.[18] A competição alucinada por vagas na pré-escola ficou em destaque alguns anos atrás graças à história de Jack Grubman, um analista financeiro de Wall Street. Ele contou em um e-mail que aumentou sua cotação das ações da AT&T a fim de cair nas graças do patrão, que o estava ajudando a conseguir vagas para suas duas filhas gêmeas, de 2 anos, na prestigiosa pré-escola 92nd Street Y.[19]

## A PRESSÃO DO DESEMPENHO

A disposição de Grubman de mover céus e terra, e até mesmo o mercado, para fazer suas duas filhas de 2 anos entrarem em uma escola de prestígio é sinal dos tempos. Ela revela as pressões crescentes na vida americana que vêm modificando as expectativas dos pais em relação aos

---

\* Trocadilho com a expressão Ivy League (ver nota na p. 14) (*N. da T.*)

## FILHOS PROJETADOS, PAIS PROJETISTAS

filhos e aumentando as demandas sobre o desempenho das crianças. O destino dos pré-escolares que buscam uma vaga nas escolas de educação infantil e ensino fundamental renomadas depende tanto de cartas de recomendação quanto de seu desempenho em um teste padronizado para aferir sua inteligência e seu desenvolvimento. Alguns pais fazem os filhos de 4 anos passarem por um treinamento específico para esse teste. Muitos deles ainda desembolsam mais US$ 34,95 por um novo brinquedo campeão de vendas chamado Time Tracker, um aparelho multicolorido com luzinhas e painel digital projetado para ensinar as crianças pequenas a administrar o tempo durante esses testes. Recomendado para crianças com 4 anos ou mais, o Time Tracker tem ainda uma voz masculina eletrônica que anuncia "Pode começar" e "Acabou o tempo".[20]

Testar pré-escolares não é algo que se restrinja ao ensino particular. O governo George W. Bush tornou obrigatório que todas as crianças de 4 anos inscritas no programa Head Start* passassem por testes padronizados. O aumento dos testes no ensino fundamental levou os distritos escolares em todo o país a endurecerem o currículo nos jardins de infância, nos quais práticas de leitura, matemática e ciência tomaram o lugar das aulas de arte, do recreio e da hora da soneca. Quando as crianças chegam à primeira e à segunda séries, já precisam se defrontar com deveres de casa e mo-

---

\* Programa do governo americano para crianças de baixa renda e suas famílias, que envolve educação, saúde e nutrição. (*N. da T.*)

CONTRA A PERFEIÇÃO

chilas pesadas. Entre 1981 e 1997, a quantidade de dever de casa das crianças de 6 a 8 anos triplicou.[21]

À medida que aumenta a pressão pelo desempenho, aumenta a necessidade de fazer as crianças pouco concentradas se focarem nas tarefas. Há quem atribua o enorme aumento nos diagnósticos de transtorno do déficit de atenção e hiperatividade (TDAH) às novas demandas impostas às crianças. O dr. Lawrence Diller, pediatra e autor de *Running on Ritalin* (À base de ritalina, em tradução livre), estima que de 5% a 6% das crianças americanas com menos de 18 anos (entre 4 e 5 milhões de jovens) são atualmente medicadas com ritalina e outros estimulantes para tratar o TDAH. (Os estimulantes combatem a hiperatividade, facilitando que as crianças mantenham o foco e a atenção e impedindo que elas se desviem de uma coisa para outra.) Ao longo dos últimos 15 anos, a produção legal de ritalina aumentou 1.700%, e a produção da anfetamina Adderall, também usada para tratar o TDAH, aumentou 3.000%. Para as empresas farmacêuticas, o mercado americano da ritalina e de outros medicamentos relacionados é uma mina de ouro: rende US$ 1 bilhão por ano.[22]

Embora as prescrições de ritalina para crianças e adolescentes tenham disparado nos últimos anos, nem todos os seus usuários sofrem de transtorno de atenção ou hiperatividade. Os alunos, tanto do ensino médio quanto de nível universitário, descobriram que os psicoestimulantes melhoram também a concentração das pessoas saudáveis; alguns compram ou pegam emprestado a ritalina dos cole-

## FILHOS PROJETADOS, PAIS PROJETISTAS

gas para melhorar seu desempenho no exame de admissão à universidade ou em provas na universidade. Uma das descobertas mais desconcertantes a respeito do uso da ritalina é o aumento das prescrições médicas para crianças em idade pré-escolar. Embora o medicamento não esteja aprovado para uso em crianças menores de 6 anos, os índices de prescrição para crianças de 2 a 4 anos praticamente triplicaram de 1991 a 1995.[23]

Uma vez que a ritalina funciona tanto para propósitos medicinais quanto para propósitos não medicinais – ou seja, tanto para tratar TDAH quanto para melhorar o desempenho de jovens saudáveis em busca de uma vantagem competitiva –, ela propõe os mesmos dilemas morais suscitados por outras técnicas de melhoramento. Seja lá como forem resolvidos esses dilemas, o debate sobre a ritalina revela a distância cultural que percorremos desde o debate em torno das drogas (como maconha e LSD) uma geração atrás. Ao contrário das drogas dos anos 1960 e 1970, a ritalina e o Adderall não são para se distrair, mas para se concentrar; não para observar o mundo e absorvê-lo, mas para moldar o mundo e se encaixar. Costumávamos chamar o uso de drogas não medicinais de "recreacional". Esse termo já não se aplica. Os esteroides e estimulantes que figuram no debate em torno do melhoramento não são uma fonte de recreação, mas uma tentativa de adequação, uma forma de resposta à demanda competitiva da sociedade para melhorar nosso desempenho e aperfeiçoar nossa natureza. Essa demanda pelo desempenho e pela perfeição anima o impulso de injuriar o

## CONTRA A PERFEIÇÃO

que nos é dado. É a fonte mais profunda do problema moral do melhoramento.

Há quem veja uma linha distinta entre o melhoramento genético e as outras maneiras que as pessoas utilizam para melhorar a si mesmas e aos seus filhos. A manipulação genética parece de certa forma pior – mais invasiva, mais sinistra – do que outras maneiras de melhorar o desempenho e buscar o sucesso. Mas, do ponto de vista moral, a diferença é menos significativa do que parece.

Os que argumentam que a bioengenharia é semelhante em espírito a outras formas por meio das quais os pais ambiciosos moldam seus filhos têm certa razão, porém essa semelhança não é motivo para abraçarmos a manipulação genética das crianças. É, ao contrário, motivo para questionar as práticas de educação dos filhos de baixa tecnologia e alta pressão que aceitamos comumente. O hiperempenho dos pais, tão familiar em nossos tempos, representa um excesso de ansiedade e de dominação que deixa de lado o sentido de dádiva da vida. Isso aproxima o hiperempenho de modo perturbador da eugenia.

# 4. A NOVA E A VELHA EUGENIAS

A eugenia foi um movimento dotado de uma grande ambição: aprimorar geneticamente a raça humana. O termo, que significa "bem-nascido", foi cunhado em 1883 por Sir Francis Galton, primo de Charles Darwin, que aplicou métodos estatísticos ao estudo da hereditariedade.[1] Convencido de que a hereditariedade dominava o talento e o caráter, ele achava possível "produzir uma raça altamente talentosa de seres humanos por meio de casamentos criteriosos durante diversas gerações consecutivas".[2] Ele conclamava que a eugenia fosse "introduzida na consciência nacional, como uma nova religião", encorajando os talentosos a escolherem seus parceiros com objetivos eugênicos em mente. "O que a natureza faz às cegas, devagar e de modo grosseiro, os homens podem fazer de modo providente, rápido e gentil (...). O aprimoramento de nossa raça me parece ser um dos mais elevados objetivos que podemos buscar racionalmente."[3]

## A VELHA EUGENIA

A ideia de Galton se disseminou para os Estados Unidos, onde alimentou um movimento popular nas primeiras dé-

CONTRA A PERFEIÇÃO

cadas do século XX. Em 1910, o biólogo e defensor da eugenia Charles B. Davenport abriu o Eugenic Records Office (Escritório de Registros Eugênicos) em Cold Spring Harbor, Long Island. Sua missão era enviar trabalhadores de campo a prisões, hospitais, asilos para pobres e sanatórios em todo o país para investigar e coletar dados sobre os antecedentes genéticos dos assim considerados defeituosos. Nas palavras de Davenport, o projeto era catalogar "os grandes esforços do protoplasma humano que estão grassando pelo país".[4] Davenport esperava que tais dados pudessem fornecer a base para os esforços da eugenia de evitar a reprodução dos geneticamente desqualificados.

A cruzada para eliminar da nação o protoplasma defeituoso não foi nenhum movimento marginal de racistas e excêntricos. O trabalho de Davenport foi financiado pela Carnegie Institution; pela sra. E.H. Harriman, viúva e herdeira do magnata das ferrovias da Union Pacific; e por John D. Rockefeller Jr.. Reformistas progressistas destacados da época apoiaram a causa eugênica. Theodore Roosevelt assim escreveu a Davenport: "Um dia perceberemos que o principal dever, o dever inescapável, do bom cidadão do tipo correto, é deixar seu sangue nesse mundo, e que não podemos permitir a perpetuação dos cidadãos do tipo errado."[5] Margaret Sanger, uma das pioneiras do feminismo e defensora do controle de natalidade, também abraçou a eugenia: "Mais crianças dos qualificados, menos dos desqualificados – essa é a principal questão do controle de natalidade."[6]

## A NOVA E A VELHA EUGENIAS

Parte do programa da eugenia era exortativo e educacional. A Sociedade Americana de Eugenia patrocinava competições entre as "famílias mais qualificadas" em feiras estaduais em todo o país, junto com as exibições de animais. Os competidores submetiam seus históricos eugênicos e se ofereciam para testes de ordem médica, psicológica e de aferição da inteligência, e as famílias consideradas mais qualificadas eram premiadas com troféus. Nos anos 1920, eram oferecidos cursos de eugenia em 350 faculdades e universidades do país, que alertavam os jovens americanos privilegiados para seu dever reprodutor.[7]

O movimento da eugenia, no entanto, também tinha seu lado mais duro. Defensores da eugenia faziam *lobby* para criar leis que impedissem a reprodução de pessoas com genes indesejáveis, e em 1907 o estado de Indiana adotou a primeira lei de esterilização compulsória para pacientes mentais, prisioneiros e miseráveis. Vinte e nove estados americanos acabaram adotando leis de esterilização compulsória, e mais de 60 mil americanos geneticamente "defeituosos" foram esterilizados.

Em 1927, a Suprema Corte dos Estados Unidos defendeu a constitucionalidade das leis de esterilização no famoso caso *Buck vs. Bell*. O caso envolvia Carrie Buck, uma mãe solteira de 17 anos que fora internada em um asilo para pessoas com deficiências mentais na Virgínia e submetida à esterilização. O juiz Oliver Wendell Holmes escreveu o veredicto, aprovado numa votação de oito para um, em favor da permanência da lei de esterilização:

> Já vimos mais de uma vez que a nação pode exigir as vidas dos melhores cidadãos. Seria estranho se não pudesse exigir esses sacrifícios menores daqueles que já sugam a energia do Estado (...). O princípio que sustenta a vacinação compulsória é amplo o bastante para cobrir também o corte das trompas de Falópio. Será melhor para o mundo inteiro se, em vez de esperar para executar por crime a prole dos degenerados, ou de deixar que morram de fome por conta de sua imbecilidade, a sociedade impedir que as pessoas manifestadamente inadequadas continuem a se reproduzir.

Referindo-se ao fato de que a mãe de Carrie Buck e, supostamente, também sua filha eram consideradas pessoas com deficiências mentais, Holmes concluiu: "Três gerações de imbecis já é o bastante."[8]

Na Alemanha, a legislação eugênica americana encontrou em Adolf Hitler um admirador. Em *Mein Kampf* (*Minha luta*) ele fez uma profissão de fé na eugenia:

> A exigência de que os deficientes sejam impedidos de propagar uma prole de deficientes como eles é uma exigência da mais clara razão e, se sistematicamente executada, representa o mais humano dos atos da humanidade. Poupará milhões de desafortunados de sofrimento desmerecido e consequentemente levará a uma melhoria da saúde como um todo.[9]

Quando conquistou o poder, em 1933, Hitler promulgou uma ampla lei de esterilização que arrancou elogios dos

## A NOVA E A VELHA EUGENIAS

eugenistas americanos. O *Eugenical News*, uma publicação de Cold Spring Harbor, editou uma tradução literal da lei e observou com orgulho suas semelhanças com o modelo de lei de esterilização proposto pelo movimento de eugenia americano. Na Califórnia, onde o sentimento eugênico era elevado, a revista *Los Angeles Times* publicou um relato otimista sobre a eugenia nazista em 1935. "Por que Hitler diz: 'Esterilizem os desqualificados!'", dizia a alegre manchete. "Aqui talvez esteja um aspecto da Alemanha que os Estados Unidos, bem como o restante do mundo, pouco podem criticar."[10]

A eugenia de Hitler terminou indo além da esterilização e passou ao assassinato em massa e ao genocídio. No fim da Segunda Guerra Mundial, as notícias sobre as atrocidades cometidas pelos nazistas contribuíram para o recuo do movimento eugenista norte-americano. As esterilizações involuntárias caíram nas décadas de 1940 e 1950, muito embora até os anos 1970 alguns estados continuassem a fazê-las. Em 2002 e 2003, depois que reportagens investigativas trouxeram as crueldades eugenistas do passado à atenção do grande público, os governadores dos estados de Oregon, Virgínia, Califórnia, Carolina do Norte e Carolina do Sul fizeram pedidos de desculpas formais para as vítimas da esterilização compulsória.[11]

A sombra da eugenia paira sobre todos os debates da atualidade acerca da engenharia e do melhoramento genéticos. Os críticos da engenharia genética argumentam que a

CONTRA A PERFEIÇÃO

clonagem humana, o melhoramento genético e a busca por crianças feitas sob encomenda não passam de eugenia "privatizada" ou "de livre mercado". Já os defensores retrucam que as escolhas genéticas feitas livremente não são eugenia, pelo menos não no sentido pejorativo do termo. Retirar o aspecto da coerção, argumentam, é retirar aquilo que torna a eugenia repugnante.

Aprender a lição da eugenia é outra maneira de se confrontar com a ética do melhoramento. Os nazistas deram um rosto feio à eugenia, mas o que exatamente havia de errado com ela? Seria a eugenia censurável somente quando coercitiva? Ou haverá algo de errado mesmo com as formas não coercitivas de controlar a carga genética da geração seguinte?

## EUGENIA DE LIVRE MERCADO

Consideremos uma política de eugenia recente que chega às raias da coerção. Nos anos 1980, Lee Kuan Yew, primeiro-ministro de Singapura, preocupava-se com o fato de as mulheres mais bem-educadas de seu país estarem tendo menos filhos do que as que tinham pouca educação formal. "Se continuarmos nos reproduzindo dessa forma desequilibrada", declarou, "não conseguiremos manter nossos padrões atuais". As gerações subsequentes, temia ele, seriam "privadas dos talentosos".[12] Para impedir o declínio, o governo instituiu políticas a fim de encorajar pessoas de

## A NOVA E A VELHA EUGENIAS

nível universitário a casar-se e ter filhos – um serviço estatal de namoro on-line, incentivos financeiros para mulheres educadas terem filhos, aulas de namoro no currículo da graduação e "passeios românticos de barco" gratuitos. Ao mesmo tempo, às mulheres de baixa renda que não tinham completado o ensino médio eram oferecidos US$ 4 mil para quitar a entrada de um apartamento de baixo custo – desde que se submetessem à esterilização.[13]

A política de Singapura deu um toque de livre mercado à eugenia: em vez de serem obrigados a se esterilizar, os cidadãos desfavorecidos eram pagos para isso. Mas quem considera os esquemas eugenistas tradicionais abjetos do ponto de vista da moral provavelmente também se incomodará com a versão voluntária de Singapura. Algumas pessoas podem argumentar que o incentivo de US$ 4 mil é semelhante à coerção, principalmente no caso de mulheres pobres com poucas perspectivas de vida. Outras podem objetar que os passeios românticos de barco para os privilegiados fazem parte de um programa coletivista que se intromete em escolhas reprodutivas que as pessoas deveriam ser livres para fazer por si mesmas, sem a mão pesada ou o olho atento do Estado. (Tais políticas acabaram no fim sendo impopulares entre as mulheres, que se ressentiram de ser estimuladas a "procriar" por Singapura.)[14] Mas a eugenia também é censurável em outros âmbitos: mesmo quando não há coerção envolvida, existe algo de errado com a ambição, seja ela individual ou coletiva, de determinar as características genéticas de nossos filhos de modo deliberado. Hoje, é mais provável encontrar essa ambição em práticas reprodutivas que permitam que os pais escolham o tipo de filho que terão do que em políticas eugênicas bancadas pelo governo.

James Watson, o biólogo que, com Francis Crick, descobriu a estrutura em dupla hélice do DNA, nada vê de errado com a engenharia e o melhoramento genéticos, desde que sejam de livre escolha dos indivíduos, e não impostos pelo governo. Entretanto, no caso de Watson, o discurso da escolha coexiste com a antiga sensibilidade eugenista. "Se você é burro mesmo, eu chamaria isso de doença", declarou ele recentemente ao *Times* londrino. "Os 10% que de fato têm dificuldade de raciocínio, até no ensino básico... qual é a causa disso? Muita gente gostaria de responder: 'Bem, é por causa da pobreza, coisa e tal.' Provavelmente não é. Então eu gostaria de eliminar isso, ajudar esses 10% menos favorecidos."[15]

Alguns anos antes, Watson já havia despertado controvérsia quando afirmou que, caso fosse descoberto um gene para a homossexualidade, uma mulher grávida que não desejasse ter um filho homossexual deveria ser livre para escolher se desejava ou não abortar o feto. Quando essa declaração provocou indignação, ele retrucou que não estava discriminando os gays, mas simplesmente defendendo um princípio: o de que as mulheres deveriam ser livres para abortar por qualquer motivo de preferência genética – porque seu filho seria disléxico, sem talento musical ou baixo demais para jogar basquete.[16]

## A NOVA E A VELHA EUGENIAS

As afirmações de Watson não afetam os militantes pró-vida oponentes do aborto, pois para eles todo aborto é um crime terrível. Mas para aqueles que não comungam da posição do direito à vida, as declarações de Watson levantam uma questão difícil: se é moralmente perturbador cogitar abortar um filho gay ou disléxico, será porque sugere que há algo de errado com um ato baseado em preferências eugênicas, mesmo que não haja coerção envolvida?

Pensemos ainda no comércio de óvulos e espermatozoides. A inseminação artificial permite que candidatos a pais comprem gametas com as características genéticas que desejam para os filhos. É um modo menos garantido de projetar crianças do que a clonagem ou o diagnóstico genético pré-implantação, mas oferece um bom exemplo de uma prática reprodutiva em que a antiga eugenia se encontra com o novo consumismo. Lembre-se do anúncio feito em alguns jornais de universidades da Ivy League, em que se ofereciam US$ 50 mil pelo óvulo de uma jovem com pelo menos 1,80 metro de altura, atlética, sem maiores problemas médicos no histórico familiar e que tivesse marcado 1.400 pontos ou mais nas provas do SAT. Mais recentemente, foi lançado um site que anunciava o leilão de óvulos das modelos cujas fotos estavam nele exibidas – os lances iniciais iam de US$ 15 mil a US$ 150 mil.[17]

De que maneira, se é que há alguma, seria o mercado de óvulos represensível? Uma vez que ninguém está sendo obrigado a comprar ou vender, ele não pode ser considerado errado por motivos relacionados à coerção. Alguns talvez

CONTRA A PERFEIÇÃO

afirmem que os preços polpudos exploram as mulheres pobres, pois no caso delas constituem uma oferta irrecusável. Porém os óvulos que alcançam os preços mais elevados provavelmente são das classes privilegiadas, e não das pobres. Se o mercado de óvulos *premium* provoca mal-estar moral, é porque mostra que as intenções eugênicas não foram deixadas de lado com a liberdade de escolha.

A história de dois bancos de sêmen ajuda a explicar o porquê. O Repository for Germinal Choice, um dos primeiros bancos de sêmen dos Estados Unidos, não era um empreendimento com fins comerciais. Foi fundado em 1980 por Robert Graham, um filantropo eugenista dedicado a melhorar o "plasma germinal" do mundo e combater o aumento de "seres humanos retrógrados".[18] Seu plano era coletar o sêmen de cientistas agraciados com o Prêmio Nobel e disponibilizá-los para mulheres em busca de doadores, na esperança de criar bebês superinteligentes. Graham, contudo, teve dificuldades para convencer os ganhadores do Nobel a doarem seu sêmen para esse plano bizarro, e precisou se contentar com o sêmen de jovens cientistas promissores. O banco fechou em 1999.[19]

Em compensação, o California Cryobank, um dos bancos de sêmen mais destacados do mundo, é uma empresa de fins lucrativos que não tem missão eugenista.[20] O dr. Cappy Rothman, seu cofundador, despreza completamente a eugenia de Graham. No entanto, o padrão que o Cryobank impõe para os doadores de esperma que recruta não é menos exigente do que o do banco de Graham. O Cryobank tem

## A NOVA E A VELHA EUGENIAS

escritórios em Cambridge, Massachusetts, entre a Universidade de Harvard e o MIT, e em Palo Alto, Califórnia, perto de Stanford. Coloca anúncios em busca de doadores nos jornais universitários (e oferece até US$ 900 por mês), mas aceita menos de 3% dos doadores que se candidatam.

O material institucional do Cryobank enfatiza a fonte prestigiosa do seu sêmen. Seu catálogo de doadores fornece informações detalhadas sobre as características físicas de cada um, bem como sobre sua origem étnica e área de formação acadêmica. Por uma taxa extra, os clientes em potencial podem comprar os resultados de um teste que garante o temperamento e o tipo de personalidade do doador. Rothman afirma que o doador ideal para o Cryobank tem formação universitária, 1,82 metro, olhos castanhos, cabelos loiros e covinhas – não porque a empresa deseje propagar essas características, mas porque são as que seus clientes desejam. "Se nossos clientes desejassem desistentes do ensino médio, nós lhes daríamos desistentes do ensino médio."[21]

Nem todo mundo rejeita o comércio de esperma. Mas todos que se incomodam com o caráter eugênico de um banco de sêmen formado de ganhadores do Nobel se perturbarão igualmente com o Cryobank, por mais direcionado para o consumidor que ele seja. Qual é, afinal, a diferença moral entre projetar crianças segundo um propósito eugênico explícito e projetar crianças segundo os ditames do mercado? Não importa se o objetivo é aprimorar o "plasma germinal" da humanidade ou atender a preferências de consumo: ambas as práticas são eugenistas, no sentido de que as duas trans-

CONTRA A PERFEIÇÃO

formam crianças em produtos de projeto deliberadamente selecionado.

## EUGENIA LIBERAL

Na era do genoma, o discurso da eugenia está sendo revivido não apenas entre os críticos, mas também entre os defensores do melhoramento. Uma influente escola de filosofia política anglo-americana clama por uma nova "eugenia liberal", referindo-se com isso a melhoramentos genéticos não coercitivos que não restringiriam a autonomia da criança. "Enquanto os eugenistas autoritários da velha guarda buscavam produzir cidadãos a partir de um único molde de projeto centralizado", escreve Nicholas Agar, "a marca que distingue a nova eugenia liberal é a neutralidade do Estado".[22] Os governos não podem dizer aos pais que espécie de filho devem projetar, e os pais podem projetar nos filhos apenas os traços que melhorem suas capacidades, sem prejudicar suas possíveis escolhas de vida.

Um texto recente sobre genética e justiça, escrito pelos bioeticistas Allen Buchanan, Dan W. Brock, Norman Daniels e Daniel Wikler, oferece um ponto de vista similar: a "má reputação da eugenia" se deve a práticas que "poderiam ser evitáveis em um futuro programa eugênico". O problema da velha eugenia é que seus fardos caem desproporcionalmente sobre os fracos e pobres, que foram injustamente segregados e esterilizados. Mas desde que os benefícios e

## A NOVA E A VELHA EUGENIAS

os fardos do melhoramento genético sejam distribuídos de modo igualitário, argumentam esses bioeticistas, as medidas eugênicas não são censuráveis e podem até ser moralmente necessárias.[23]

O filósofo do direito Ronald Dworkin também defende uma versão liberal da eugenia. Não há nada de errado na ambição "de tornar a vida das futuras gerações de seres humanos mais longa e repleta de talentos e, portanto, de conquistas", escreve Dworkin. "Pelo contrário, se brincar de Deus significa lutar para melhorar a nossa espécie, e trazer para nosso projeto consciente a resolução de melhorar o que Deus deliberadamente ou a natureza cegamente fizeram evoluir ao longo de éons, então o primeiro princípio do individualismo ético comanda essa luta."[24] O filósofo libertário Robert Nozick propôs a criação de um "supermercado genético" que permitiria que os pais comprassem filhos sob encomenda sem impor um único projeto à sociedade como um todo: "Esse sistema de supermercado tem a grande virtude de não envolver nenhuma decisão centralizada para fixar um futuro tipo humano, ou tipos humanos."[25]

Até John Rawls, em seu clássico *A teoria da justiça* (1971), ofereceu um breve endosso da eugenia liberal. Mesmo em uma sociedade que concorde em partilhar os benefícios e os fardos da loteria genética, afirma Rawls, isso ocorre "no interesse de que cada um tenha os melhores bens naturais, para permitir que persigam o plano de vida que preferirem". As partes do contrato social "desejam assegurar para seus descendentes o melhor dote genético (supondo que o seu

CONTRA A PERFEIÇÃO

próprio seja fixo)". As políticas eugenistas são, portanto, não apenas permissíveis como também necessárias, por uma questão de justiça. "Assim, com o tempo a sociedade dará passos pelo menos no sentido de preservar o nível geral das habilidades naturais e de prevenir a difusão de defeitos graves."[26]

Embora a eugenia liberal seja uma doutrina menos perigosa do que a antiga eugenia, ela é também menos idealista. Apesar de toda a sua tolice e ignorância, o movimento eugenista do século XX nasceu da aspiração por aprimorar a humanidade, ou promover o bem-estar coletivo de sociedades inteiras. A eugenia liberal se exime de tais ambições coletivas. Não é um movimento de reforma social, mas uma forma de pais privilegiados terem o tipo de filho que desejam e armá-los para o sucesso numa sociedade competitiva.

Além disso, apesar de sua ênfase na escolha do indivíduo, a eugenia liberal implica mais compulsoriedade estatal do que pode parecer à primeira vista.[27] Os defensores do melhoramento não veem diferença, do ponto de vista moral, entre melhorar as capacidades intelectuais de uma criança por meio da educação e fazer o mesmo por meio de modificações genéticas. Tudo o que importa, do ponto de vista da eugenia liberal, é que nem a educação nem as modificações genéticas violem a autonomia da criança, ou seu "direito a um futuro em aberto".[28] Desde que as habilidades melhoradas sejam um meio válido "para todos os fins" e que, portanto, não direcionem a criança para nenhuma carreira ou modo de vida específicos, são moralmente aceitáveis.

## A NOVA E A VELHA EUGENIAS

Entretanto, dado que é papel dos pais promover o bem-estar dos filhos (sempre respeitando seu direito a um futuro em aberto), tais melhoramentos não se tornam somente aceitáveis, mas obrigatórios. Da mesma forma que o governo pode exigir que os pais mandem os filhos para a escola, pode exigir que eles utilizem tecnologias genéticas (desde que seguras) para aumentar o QI dos filhos. O que importa é que as habilidades melhoradas sejam

> de propósito geral, úteis para levar a cabo praticamente qualquer plano de vida (...). Quanto mais próximas essas habilidades estiverem, de fato, dos meios para todos os fins, menos objeções deverá haver contra o encorajamento ou mesmo a exigência, por parte do governo, do uso de terapias genéticas para melhorar essas capacidades.[29]

Bem entendido, o "princípio [liberal] do individualismo ético" não apenas permite como "comanda a luta" para "tornar a vida das futuras gerações de seres humanos mais longa e repleta de talentos e, portanto, de conquistas".[30] Assim, a eugenia liberal não rejeita a engenharia genética imposta pelo governo; simplesmente exige que tal manipulação respeite a autonomia da criança projetada.

Embora a eugenia liberal tenha muitos defensores entre os filósofos morais e políticos anglo-americanos, Jürgen Habermas, o mais proeminente filósofo político da Alemanha, se opõe a ela. Profundamente ciente do sombrio passado

CONTRA A PERFEIÇÃO

eugênico alemão, Habermas argumenta contra o uso de exames embrionários e a manipulação genética para melhoramentos de ordem não medicinal. Seu argumento contra a eugenia liberal é especialmente intrigante porque ele acredita que ele se apoia apenas em premissas liberais e não necessita convocar nenhum conceito espiritual ou teológico. Sua crítica à engenharia genética "não renuncia às premissas do pensamento pós-metafísico". Com isso, ele quer dizer que não depende de nenhuma concepção particular de bem viver. Habermas concorda com John Rawls que, pelo fato de as pessoas em sociedades pluralistas modernas discordarem quanto a questões morais e religiosas, uma sociedade justa não deveria assumir nenhum lado em contendas como essa, mas, em vez disso, conferir a cada indivíduo a liberdade de escolher e perseguir sua própria concepção do que seria o bem viver.[31]

Intervir geneticamente para selecionar ou melhorar as crianças é censurável, argumenta Habermas, porque viola os princípios liberais de autonomia e igualdade. Viola a autonomia porque os indivíduos geneticamente programados não podem encarar a si mesmos como os "únicos autores de sua própria história de vida"[32] e prejudica a igualdade na medida em que destrói "as relações essencialmente simétricas entre seres humanos livres e iguais" ao longo das gerações.[33] Uma das medidas de tal assimetria é que, quando os pais se transformam nos projetistas dos filhos, incorrem de modo inevitável em uma responsabilidade pela vida deles que não pode ser recíproca.[34]

## A NOVA E A VELHA EUGENIAS

Habermas tem razão em se opor à eugenia parental, mas está errado em pensar que o argumento contra ela pode repousar apenas em termos liberais. Os defensores da eugenia liberal têm razão ao dizerem que as crianças projetadas não são menos autônomas no que diz respeito a sua carga genética do que as crianças nascidas do modo natural. Não é como se, na ausência da manipulação eugênica, pudéssemos escolher nossa herança genética. Quanto à preocupação de Habermas em relação à igualdade e reciprocidade entre as gerações, os defensores da eugenia liberal podem retrucar que, embora seja uma preocupação legítima, ela não se aplica apenas à manipulação genética. Os pais que obrigam um filho a praticar piano incessantemente desde os 3 anos, ou a bater bolas de tênis do nascer ao pôr do sol, também exercem uma espécie de controle sobre a vida da criança que não tem possibilidade de ser recíproca. A questão, insistem os liberais, é se a intervenção parental, seja ela eugênica ou do ambiente, prejudica a liberdade da criança de escolher o próprio caminho de vida.

Nenhuma ética da autonomia e da igualdade pode explicar o que há de errado na eugenia. Mas Habermas tem outro argumento que vai mais fundo, ao mesmo tempo que aponta para além dos limites das considerações liberais, ou "pós-metafísicas". É a ideia de que "vivenciamos nossa própria liberdade tendo como referência algo que, pela própria natureza, não está à nossa disposição". Para pensar que somos livres, precisamos ser capazes de imputar nossas origens "a um início que escapa ao controle humano", um início que surge de "algo – como Deus ou a natureza – que escapa ao controle de *outro* indivíduo". Habermas continua e sugere que o nascimento, "por ser um fato natural, atende aos requisitos conceituais de constituir um início que não podemos controlar. A filosofia raramente aborda essa questão". Uma exceção, observa ele, encontra-se na obra de Hannah Arendt, que vê a "natalidade", o fato de os seres humanos nascerem, e não serem fabricados, como uma condição da sua capacidade de ação.[35]

Habermas toca em um ponto importante, penso eu, ao defender "uma ligação entre a contingência do início de uma vida, que não está sob nosso controle, e a liberdade de conferir uma forma ética à vida de alguém".[36] Para ele, essa ligação tem relevância, pois explica por que uma criança geneticamente projetada está em dívida e subordinada a outro indivíduo (o pai projetista), enquanto outra criança, nascida de um início contingente e impessoal, não está.[37] Entretanto, a noção de que nossa liberdade está inseparavelmente associada a um "início que não podemos controlar" também carrega uma significação mais ampla: seja qual for seu efeito sobre a autonomia da criança, o impulso de banir a contingência e dominar o mistério do nascimento apequena os pais projetistas e corrompe a experiência da paternidade enquanto prática social governada por preceitos de amor incondicional.

Isso nos faz retomar a noção de talento. Ainda que não prejudique a criança ou reduza sua autonomia, a eugenia perpetrada pelos pais é censurável porque expressa e es-

## A NOVA E A VELHA EUGENIAS

tabelece certa atitude diante do mundo – uma atitude de dominação, que não valoriza o caráter de dádiva das potências e conquistas humanas e desconsidera aquela parcela da liberdade que consiste em uma persistente negociação com aquilo que nos é dado.

# 5. DOMÍNIO E TALENTO

O problema da eugenia e da engenharia genética é que elas representam o triunfo unilateral da intenção deliberada sobre o dado inato, do domínio sobre a reverência, do moldar sobre o contemplar. Mas por que, poderíamos nos indagar, se preocupar com tal triunfo? Por que não simplesmente nos livrarmos de nosso incômodo com o melhoramento, como com qualquer superstição? O que se perderia caso a biotecnologia dissolvesse nosso senso de dádiva?

## HUMILDADE, RESPONSABILIDADE E SOLIDARIEDADE

Do ponto de vista da religião, a resposta é clara: acreditar que nossos talentos e nossas potências se devam unicamente a nós mesmos é não compreender nosso lugar na criação, confundir nosso papel com o de Deus. A religião, contudo, não é a única fonte de motivos para nos importarmos com aquilo que nos é dado de modo inato, ou como dádiva. Os riscos morais podem também ser descritos em termos seculares. Se a revolução genética erode nossa valorização do caráter de dádiva dos poderes e conquistas humanos é porque transforma três características cruciais de nossa configuração moral: a humildade, a responsabilidade e a solidariedade.

Num mundo social que preza o domínio e o controle, a experiência de ser pai ou mãe é uma escola de humildade. O fato de nos importarmos profundamente com nossos filhos mas não podermos escolher o tipo de filhos que queremos ensina os pais a se abrirem ao imprevisto. Tal abertura é uma disposição que vale a pena assegurar, não apenas nas famílias, mas também no mundo mais amplo. Ela nos convida a tolerar o inesperado, a viver com a dissonância, a controlar o impulso de controlar. Um mundo *à Gattaca*, em que os pais se acostumam a especificar o gênero e os traços genéticos dos filhos, seria um mundo intolerante ao imprevisto, uma enorme comunidade fechada.

A base social da humildade também se veria diminuída caso as pessoas se acostumassem ao automelhoramento genético. A consciência de que nossos talentos e nossas habilidades não se devem unicamente a nós mesmos restringe a tendência em relação à *hybris*. Se a bioengenharia fizesse o mito do *self-made man* virar realidade, seria difícil ver nossos talentos como dons que recebemos e com os quais estamos em dívida em vez de como conquistas pelas quais somos responsáveis. (As crianças geneticamente melhoradas permaneceriam, é claro, em dívida e não seriam responsáveis pelas suas características. Porém essa dívida estaria mais relacionada com seus pais e menos com a natureza, ao acaso ou com Deus.)

## DOMÍNIO E TALENTO

Pensa-se às vezes que o melhoramento genético desgasta a responsabilidade humana ao sobrepujar o esforço e a dedicação, mas o verdadeiro problema é a explosão, e não o desgaste, da responsabilidade. À medida que a humildade sai de cena, a responsabilidade se expande a proporções desencorajadoras. Atribuímos os fatos menos ao acaso e mais à escolha. Os pais se tornam responsáveis por escolher, ou deixar de escolher, as características certas para seus filhos. Os atletas se tornam responsáveis por adquirir, ou não adquirir, os talentos que ajudariam seu time a ganhar.

Uma das bênçãos de nos ver como criaturas da natureza, de Deus ou do acaso é não sermos completamente responsáveis por aquilo que somos. Quanto mais nos tornamos mestres de nossas cargas genéticas, maior o fardo que carregaremos pelos talentos que temos e pelo nosso desempenho. Hoje, quando um jogador de basquete perde um rebote, o treinador pode culpá-lo por estar fora de posição. Amanhã o treinador poderá culpá-lo por ser baixo demais.

Mesmo na atualidade, o uso crescente no esporte profissional de drogas para melhoramento do desempenho está transformando sutilmente as expectativas que os jogadores têm em relação uns aos outros. Antes, quando o time de um lançador não marcava *runs* suficientes para vencer a partida, ele podia apenas maldizer sua má sorte e aceitar aquilo como parte do jogo. Hoje, o uso de anfetaminas e outros estimulantes está tão disseminado que os jogadores que vão para o campo sem tomá-los são criticados por "jogarem de cara limpa". Um *outfielder* (defensor externo, que fica fora do campo) aposentado da liga profissional de beisebol declarou recentemente à revista *Sports Illustrated* que alguns batedores culpam os colegas de time que jogam sem tomar nada: "Se o primeiro batedor sabe que você está ali de cara limpa, fica chateado porque você não está lhe dando [tudo] o que pode. O batedor maioral quer ter certeza de que você está ligado antes do jogo."[1]

A explosão da responsabilidade e a carga moral que ela cria também podem ser vistas na mudança de normas surgida com os exames genéticos pré-natais. Antes, dar à luz um filho com síndrome de Down era considerado obra do acaso; hoje, muitos pais de crianças com síndrome de Down ou outras doenças genéticas se sentem julgados ou culpados.[2] Um domínio antes governado pelo acaso agora se tornou uma arena de escolhas. Seja qual for sua crença sobre que condições genéticas, se é que alguma o faz, justificam o aborto (ou selecionar um embrião, no caso do diagnóstico genético pré-implantação), o advento dos testes genéticos criou uma carga de decisões que não existia antes. Os futuros pais continuam livres para escolher se desejam ou não usar os exames pré-natais e agir ou não em relação ao diagnóstico. Porém não são livres para escapar ao fardo da escolha criada pelas novas tecnologias, nem podem evitar ser envolvidos no quadro ampliado da responsabilidade moral que acompanha os novos hábitos de controle.

O impulso prometeico é contagioso. Tanto na experiência parental quanto nos esportes, ele perturba e desgasta a dimensão de dádiva na natureza humana. Quando as

# DOMÍNIO E TALENTO

drogas melhoradoras de desempenho se tornam comuns, os jogadores que não as tomam jogam "de cara limpa". Quando os exames genéticos se tornam parte rotineira da gravidez, os pais que os rejeitam são chamados de "cegos" e responsabilizados por qualquer defeito genético que recaia sobre seus filhos.

Paradoxalmente, a explosão de responsabilidade pelo próprio destino, e pelo de nossos filhos, pode diminuir nossa solidariedade para com os menos afortunados. Quanto mais cientes estamos da natureza do acaso de nossos semelhantes, mais motivos temos para compartilhar nosso destino com eles. Consideremos o caso do seguro saúde. Uma vez que as pessoas não sabem quando ou mesmo se serão vítimas de doenças, fazem uma vaquinha conjunta e compram seguros de saúde e de vida. Com o decorrer dos acontecimentos da vida, os saudáveis terminam, assim, subsidiando os doentes, e os que vivem até uma idade avançada terminam subsidiando as famílias daqueles que morrem antes do tempo. O resultado é mutualidade por inadvertência. Mesmo sem ter um senso de obrigação recíproca, as pessoas unem seus recursos e riscos e compartilham o destino umas das outras.

Contudo, o mercado de seguros imita a prática da solidariedade somente na medida em que as pessoas não conhecem nem controlam os próprios fatores de risco. Suponhamos que os testes genéticos evoluíssem a ponto de podermos prever com precisão o histórico médico e a expectativa de vida de cada indivíduo. Aqueles dotados da garantia de uma boa saúde e uma vida longa optariam por sair da vaquinha, o que faria com que os prêmios dos seguros fossem às alturas no caso daqueles condenados a uma saúde ruim. O aspecto de solidariedade dos seguros desapareceria à medida que os indivíduos com bons genes fugissem da companhia atuarial daqueles com genes ruins.

A preocupação de que as seguradoras usem os dados genéticos para estimar os riscos e aumentar o valor dos prêmios levou o Senado americano a votar recentemente pela proibição da discriminação genética nos seguros de saúde.[3] Entretanto, o maior perigo, confessadamente mais especulativo, é que, se feito de forma rotineira, o melhoramento genético dificultaria o cultivo dos sentimentos morais que a solidariedade social requer.

Por que, afinal de contas, os bem-sucedidos devem algo aos membros menos favorecidos da sociedade? Uma resposta sedutora se apoia pesadamente na noção de dádiva. Os talentos naturais que permitem que os bem-sucedidos floresçam não são responsabilidade única deles, mas sim fruto de sua boa sorte – resultado da loteria genética.[4] Se nossas cargas genéticas são uma dádiva, e não uma conquista creditada a nós, é um erro e um preconceito supor que merecemos todas as recompensas que elas proporcionam numa economia de mercado. Logo, temos a obrigação de dividir essas recompensas com aqueles que, por motivos alheios a eles mesmos, não têm dons comparáveis.

Eis, portanto, a relação entre solidariedade e dádiva: ter um senso vívido da contingência de nossos dons – a consciência de que nenhum de nós é completamente responsável

DOMÍNIO E TALENTO

pelo próprio sucesso – impede a sociedade meritocrática de deslizar para a crença arrogante de que o sucesso é o coroamento da virtude, de que os ricos são ricos porque são mais merecedores do que os pobres.

Se a engenharia genética nos permitisse sobrepujar os resultados da loteria genética e substituir o acaso pela escolha, o caráter de dádiva das potências e das conquistas humanas desapareceria – e com ele, talvez, nossa capacidade de nos ver como pessoas que compartilham um destino comum. Seria ainda mais provável do que é hoje que os bem-sucedidos se vissem como pessoas *self-made* e autossuficientes e, por conseguinte, completamente responsáveis pelo próprio sucesso. Os que estão nas camadas mais baixas da sociedade seriam vistos não como em desvantagem, e por isso dignos de alguma forma de compensação, mas simplesmente como desqualificados e, portanto, dignos de consertos eugênicos. A meritocracia, menos moderada pelo acaso, ficaria mais inflexível e menos tolerante. À medida que o perfeito conhecimento genético extinguisse o simulacro de solidariedade que existe nos mercados de seguros, o perfeito controle genético corroeria a verdadeira solidariedade que surge quando homens e mulheres refletem sobre a contingência de seus talentos e de sua sorte.

## OBJEÇÕES

É provável que meu argumento contra o melhoramento levante pelo menos duas objeções: algumas pessoas pode-

CONTRA A PERFEIÇÃO

rão dizer que é religioso demais; outras, que não é convincente em termos consequencialistas. A primeira objeção afirma que falar em dádiva pressupõe um doador. Se isso é verdade, então meu argumento contra a engenharia e o melhoramento genéticos seria inescapavelmente religioso.[5] Eu afirmo, pelo contrário, que a valorização da dádiva da vida pode surgir tanto de fontes religiosas quanto seculares. Embora alguns creiam que Deus seja a fonte da dádiva da vida, e que a reverência à vida é uma forma de gratidão a Deus, não é preciso acreditar nisso para valorizar a vida como dádiva e reverenciá-la. Falamos comumente do dom de um atleta, ou de um músico, sem formar qualquer suposição quanto a se esse dom vem ou não de Deus. O que queremos dizer com isso é apenas que o talento em questão não é responsabilidade inteiramente do atleta ou do músico; é um dote que vai além do seu controle, não importa se ele deve agradecer à natureza, à sorte ou a Deus.

De modo semelhante, as pessoas costumam falar na santidade da vida, ou mesmo da natureza, sem necessariamente abraçar a versão metafísica pesada dessa ideia. Por exemplo, há quem partilhe com os antigos a noção de que a natureza é sagrada no sentido de ser encantada, dotada de um significado inerente, ou animada por um propósito divino; outras pessoas, na tradição judaico-cristã, acham que a santidade da natureza é derivada da criação divina do universo; já outras ainda acreditam que a natureza é sagrada simplesmente no sentido de não ser um simples objeto a nossa disposição, aberto a qualquer uso que queiramos fazer.

DOMÍNIO E TALENTO

Todas essas diversas compreensões do sagrado insistem que valorizemos a natureza e os seres vivos como algo além de meros instrumentos; fazer o contrário mostra certa falta de reverência, de respeito. Mas esse mandato moral não precisa se apoiar em um único quadro religioso ou metafísico.

Pode-se retrucar que as noções não teológicas de santidade e dádiva são incapazes de se sustentar por si mesmas e devem sempre se apoiar em suposições metafísicas emprestadas que elas mesmas deixam de validar. Essa é uma questão profunda e difícil que não posso tentar resolver aqui.[6] É digno de nota, contudo, que pensadores liberais de Locke a Kant e Habermas aceitem a ideia de que a liberdade depende de uma origem ou de um ponto de vista que foge do nosso controle. Para Locke, nossa vida e nossa liberdade, por serem direitos inalienáveis, não são nossas para delas abrirmos mão (por meio do suicídio ou vendendo-nos como escravos). Para Kant, embora sejamos os autores da lei moral, não temos a liberdade de nos explorar ou nos tratar como objetos, do mesmo modo como não podemos fazer isso com os outros. E para Habermas, conforme vimos, nossa liberdade de seres morais iguais depende de termos uma origem que esteja além da manipulação ou do controle humanos. Podemos compreender tais noções de direitos inalienáveis e invioláveis sem necessariamente abraçar os conceitos religiosos da santidade da vida humana. De maneira semelhante, podemos compreender a noção de dádiva, e sentir seu peso moral, independentemente de atribuirmos a origem dessa dádiva a Deus.

CONTRA A PERFEIÇÃO

A segunda objeção considera minha argumentação contra o melhoramento limitadamente consequencialista e segue nas seguintes linhas: apontar os possíveis efeitos da bioengenharia sobre a humildade, a responsabilidade e a solidariedade pode ser convincente para quem valoriza essas virtudes. Mas quem está mais interessado em obter uma vantagem competitiva para seus filhos ou para si mesmo talvez resolva que os benefícios advindos do melhoramento genético superam seus efeitos supostamente adversos sobre as instituições sociais e os sentimentos morais. Além disso, mesmo supondo que o desejo de domínio seja algo mau, um indivíduo que o persiga pode conquistar um bem moral compensatório – a cura do câncer, por exemplo. Então por que assumir que o lado "ruim" do domínio necessariamente supera o bem que ele pode trazer?[7]

A essa objeção respondo que não tenciono apoiar meu argumento contra o melhoramento em considerações consequencialistas, pelo menos não no sentido comum do termo. Não desejo provar que a engenharia genética é represensível simplesmente porque seus custos sociais provavelmente superariam os possíveis benefícios. Nem afirmo que as pessoas que lançam mão da bioengenharia para projetar a si mesmas ou a seus filhos estejam necessariamente motivadas pelo desejo de dominar e que isso é um pecado do qual nada de bom pode advir. Não: o que estou sugerindo é que no debate sobre o melhoramento os riscos morais não estão totalmente apreendidos nas categorias familiares de autonomia e direitos, por um lado, nem no cálculo dos

DOMÍNIO E TALENTO

custos e benefícios, por outro. O que me preocupa não é o melhoramento como vício individual, mas sim como hábito mental e modo de vida.[8]

Os maiores riscos são de dois tipos. Um deles envolve o destino dos bens humanos encarnados em importantes práticas sociais – os preceitos de amor incondicional e abertura ao imprevisto, no caso da experiência parental; a celebração dos talentos e dos dons naturais nas artes e nos esportes; a humildade diante do privilégio próprio e a disposição de partilhar os frutos da sua boa fortuna por meio de mecanismos de solidariedade social. O outro diz respeito a nossa orientação em relação ao mundo que habitamos e ao tipo de liberdade ao qual aspiramos.

É tentador pensar que projetar nossos filhos e nós mesmos para o sucesso por meio da bioengenharia é um exercício de liberdade numa sociedade competitiva. Porém modificar nossa natureza para nos encaixar no mundo, e não o contrário, é, na verdade, a forma mais profunda de enfraquecimento da autonomia. Em vez de empregar nossos novos conhecimentos genéticos para endireitar "a madeira torta da humanidade",[9] deveríamos fazer o possível para criar arranjos políticos e sociais mais tolerantes com as dádivas e limitações dos seres humanos imperfeitos.

## O PROJETO DO DOMÍNIO

No fim dos anos 1960, Robert L. Sinsheimer, um biólogo molecular do California Institute of Technology, vislumbrou

CONTRA A PERFEIÇÃO

o rumo que as coisas tomariam. Em um artigo intitulado "The Prospect of Designed Genetic Change" (A perspectiva das modificações genéticas projetadas), ele argumentou que a liberdade de escolha justificaria a nova genética e a apartaria da antiga eugenia caída em descrédito.

> Para implementar a antiga eugenia de Galton e seus sucessores, teria sido necessário um programa social de grande envergadura e com duração de muitas gerações. Um programa assim não poderia ser levado a cabo sem o consentimento e a cooperação da maioria da população e estaria continuamente submetido ao controle social. Em comparação, a nova eugenia poderia, pelo menos em princípio, ser implementada numa base individual, em uma única geração, sem se sujeitar a qualquer restrição preexistente.[10]

Segundo, a nova eugenia seria voluntária, não coercitiva, e também mais humana. Em vez de segregar e eliminar os desqualificados, ela os melhoraria. "A velha eugenia teria exigido não só que se fizesse uma seleção contínua, a fim de fazer os qualificados procriarem, como também que se apartassem os desqualificados. A nova eugenia permitiria, em princípio, a conversão de todos os desqualificados para o mais alto nível genético."[11]

O peã de Sinsheimer à engenharia genética retrata a autoimagem prometeica e irrefletida de nossa era. Ele falou esperançosamente em resgatar "os perdedores da loteria cromossômica que com tanta firmeza direciona nossos destinos

# EPÍLOGO

## ÉTICA EMBRIONÁRIA: O DEBATE SOBRE AS CÉLULAS-TRONCO

Ao me opor ao melhoramento genético, argumentei contra o triunfo unilateral do domínio sobre a reverência e insisti que voltássemos a valorizar a vida como uma dádiva. Entretanto, também argumentei que existe uma diferença entre curar e melhorar. A medicina intervém na natureza, mas, por estar limitada pelo objetivo de restaurar o funcionamento humano normal, não representa um ato de *hybris* desenfreada nem um apelo de dominação. A necessidade de curar vem do fato de que o mundo não é perfeito e completo, mas necessita constantemente da intervenção e reparação humanas. Nem tudo que nos é dado é bom. A varíola e a malária não são dádivas e seria bom erradicá-las.

O mesmo vale para a diabetes, o mal de Parkinson, a esclerose lateral amiotrófica e as lesões medulares. Uma das novas e mais promissoras fontes de esperança para os afligidos por essas doenças é a pesquisa com células-tronco. Em breve, os cientistas poderão extrair células-tronco de embriões em estágios iniciais de desenvolvimento e, a partir delas, estudar e curar doenças degenerativas. Os críticos de tal prática dizem que a extração de células-tronco destrói os embriões. Argumentam que a vida é uma dádiva e que, portanto, qualquer pesquisa que destrói a vida humana incipiente deve ser rejeitada. Neste epílogo, ofereço uma defesa da pesquisa com células-tronco embrionárias e tento demonstrar como a ética de valorizar o que nos é dado não a condena.

## QUESTÕES RELATIVAS ÀS CÉLULAS-TRONCO

No verão de 2006, em meados do sexto ano de sua presidência, George W. Bush exerceu seu primeiro veto. A lei que ele rejeitou envolvia não alguma questão de interesse comum em Washington, como tributação, terrorismo ou a Guerra do Iraque, mas o tema mais enigmático da pesquisa com células-tronco. Na esperança de encontrar uma cura para a diabetes, o Congresso americano votou a favor de patrocinar a então nova pesquisa com células-tronco embrionárias na qual cientistas isolavam células capazes de se tornarem qualquer tecido do corpo humano. O presidente recusou-se a dar continuidade à medida. Argumentou que era uma pesquisa antiética, porque a extração de tais células destrói o blastocisto, um embrião não implantado, no sexto ou sétimo dia de seu desenvolvimento. O governo federal, declarou Bush, não deveria apoiar a "morte de vidas humanas inocentes".[1]

## EPÍLOGO

Pode-se perdoar a confusão do secretário de Imprensa do presidente. Ao explicar o veto, ele afirmou que Bush considerava a pesquisa com células-tronco embrionárias "assassinato", algo que não deveria ser apoiado pelo governo federal. Quando esse comentário atraiu uma onda de críticas na imprensa, a Casa Branca voltou atrás. Não, o presidente não acreditava que destruir um embrião era assassinato. O secretário de Imprensa retirou o que disse e pediu desculpas por haver "exagerado a opinião do presidente".[2]

Como exatamente o porta-voz exagerou a opinião do presidente não ficou claro. Se a pesquisa com células-tronco embrionárias de fato representa a morte deliberada de vidas humanas inocentes, é difícil ver em que sentido isso é diferente de assassinato. O secretário de Imprensa repreendido não fez nenhuma tentativa de analisar semanticamente essa distinção. Ele não foi o primeiro a se ver enredado nas complexidades éticas e políticas do debate em torno das células-tronco.

Essa discussão coloca três questões. Primeira: deve-se permitir a pesquisa com células-tronco embrionárias? Segunda: essa pesquisa deve ser patrocinada pelo governo? Terceira: caso ela fosse permitida, deveria importar se as células-tronco vieram de embriões já existentes e descartados de tratamentos para infertilidade ou de embriões clonados criados especificamente para a pesquisa?

A primeira pergunta é a mais fundamental e, diriam alguns, a mais refratária. A principal objeção à pesquisa com células-tronco embrionárias é que destruir um embrião humano, mesmo em seus estágios iniciais de desenvolvimento, e mesmo tendo em vista fins nobres, é moralmente abjeto; é como matar uma criança para salvar a vida de outras pessoas. A validade de tal objeção depende, é claro, do *status* moral do embrião. Uma vez que algumas pessoas têm fortes convicções sobre o assunto, acredita-se às vezes que seria impossível defendê-lo com argumentos ou análises racionais. Mas isso é um erro. O fato de uma crença moral estar fundamentada em uma convicção religiosa não a exime do desafio, nem a torna incapaz de ser racionalmente defendida.

Mais adiante neste epílogo tentarei demonstrar como é possível refletir racionalmente, do ponto de vista moral, sobre o *status* do embrião. Antes, porém, a fim de preparar o caminho, eu me voltarei para a questão de se existe ou não uma diferença moral entre o uso de embriões "restantes", ou "excedentes", que sobraram de tratamentos de fertilidade, e o uso de embriões clonados criados especificamente para pesquisas. Muitos políticos acreditam que sim.

## CLONES E EXCEDENTES

Até o momento, os Estados Unidos não contam com nenhuma lei federal que proíba a clonagem de uma criança. Isso não ocorre porque a maioria das pessoas seja a favor da clonagem como meio de reprodução; pelo contrário: a opinião pública e praticamente todos os políticos eleitos são contrários a ela.

## EPÍLOGO

Existe, porém, um grande desacordo quanto a permitir a clonagem para criar embriões destinados à pesquisa com células-tronco. Os opositores da clonagem para fins de pesquisa até agora não se dispuseram a apoiar uma proibição em separado da clonagem para fins de reprodução, como fez a Grã-Bretanha.[3] Em 2001, a Câmara dos Deputados aprovou um projeto de lei que baniria não apenas a clonagem para fins de reprodução como também aquela voltada para a pesquisa biomédica. A lei não vingou porque os senadores a favor da pesquisa com células-tronco não se dispuseram a aceitar a proibição geral da clonagem. Como resultado desse impasse, os Estados Unidos não têm lei federal contra a clonagem humana para fins de reprodução.

O debate sobre a clonagem trouxe à tona dois motivos distintos para a oposição do uso de embriões clonados em pesquisas com células-tronco. Algumas pessoas são contra a clonagem para fins de pesquisa por sustentarem que o embrião é uma pessoa. Afirmam que toda pesquisa com células-tronco embrionárias é imoral (tanto as de embriões naturais quanto as de clonados), porque significa matar alguém para tratar a enfermidade de outras pessoas. Essa é a opinião do senador Sam Brownback, do Kansas, um dos líderes da defesa do direito à vida. As pesquisas com células-tronco são erradas, argumenta ele, porque "em hipótese alguma pode-se considerar aceitável matar deliberadamente um ser humano inocente para ajudar outro".[4] Se o embrião é uma pessoa, então extrair suas células-tronco é moralmente análogo a extrair órgãos de bebês. Segundo a visão de

Brownback, "um embrião humano (...) é um ser humano como eu e você; e merece o mesmo respeito que nossas leis concedem a todos nós".[5]

Outros opositores da clonagem para fins de reprodução não chegam tão longe. Apoiam a pesquisa com células--tronco embrionárias, desde que ela use embriões "excedentes" das clínicas de tratamento de infertilidade.[6] O que os incomoda é a produção deliberada de embriões para pesquisa. Mas, uma vez que as clínicas de fertilização *in vitro* produzem um número maior de embriões do que os que acabam sendo implantados, há quem argumente que não há problema em utilizar esses embriões excedentes para pesquisa. Uma vez que serão mesmo descartados, raciocinam, por que não usá-los (com o consentimento dos doadores) para pesquisas que poderiam salvar vidas?

Para os políticos que buscam um viés de conciliação no debate em torno das células-tronco, essa posição possui um apelo considerável. Ela parece superar os escrúpulos morais com relação à produção de embriões para fins de pesquisa, uma vez que somente o uso de embriões excedentes seria sancionado. Essa opinião foi defendida no Senado pelo líder da maioria Bill Frist, do Tennessee, e no estado de Massachusetts pelo governador Mitt Romney, que tentou, sem sucesso, fazer o Legislativo aprová-la. Ambos apoiavam a pesquisa com células-tronco de embriões descartados de tratamentos de infertilidade, mas não com embriões produzidos exclusivamente para fins de pesquisa.[7] O projeto de lei sobre células-tronco votado pelo Congresso (e vetado

## EPÍLOGO

pelo presidente Bush) em 2006 também fazia essa distinção: somente aprovaria a pesquisa com células-tronco que usasse embriões excedentes de tratamentos de infertilidade.

Para além do apelo de conciliação política, essa distinção parece moralmente defensável; entretanto, quando examinada com mais atenção, ela não se sustenta. A distinção é falha porque coloca em questão se, para começo de conversa, deveriam ser criados embriões excedentes. Para ver como isso se dá, imagine uma clínica de fertilidade que aceita doações de óvulos e espermatozoides para dois propósitos: reprodução e pesquisa com células-tronco. Não há clonagem envolvida. A clínica produz dois grupos de embriões, um a partir de óvulos e espermatozoides doados para fins da FIV, outro a partir de óvulos e espermatozoides doados por pessoas que desejam ajudar a causa da pesquisa com células-tronco.

Qual grupo de embriões um cientista ético poderia utilizar para pesquisa? As pessoas que concordam com Frist e Romney se deparam com um paradoxo: permitiriam que o cientista usasse os embriões excedentes do primeiro grupo (uma vez que foram criados para fins reprodutivos e seriam de toda forma descartados), mas não do segundo (uma vez que foram deliberadamente produzidos para fins de pesquisa). Na verdade, tanto Frist quanto Romney tentaram proibir a produção proposital de embriões em clínicas de FIV para fins de pesquisa.

Tal situação paradoxal destaca a falha que existe nessa posição conciliatória: os que se opõem à produção de em-

CONTRA A PERFEIÇÃO

briõcs especialmente para pesquisas com células-tronco, mas apoiam o uso de embriões "excedentes" provenientes da FIV para o mesmo fim, não tratam da moralidade da fertilização *in vitro* em si. Se é imoral produzir e sacrificar embriões com o intuito de curar ou tratar doenças terríveis, por que não seria igualmente censurável produzir e descartar embriões excedentes em tratamentos de infertilidade? Ou, olhando o argumento de trás para a frente: se produzir e sacrificar embriões vindos de FIV é moralmente aceitável, por que produzir e sacrificar embriões para pesquisas com células-tronco não o seria? Afinal, as duas práticas servem a fins valorosos, e curar doenças como o mal de Parkinson e a diabetes é no mínimo tão importante quanto tratar a infertilidade.

Quem vê uma diferença moral entre o sacrifício de embriões de FIV e o sacrifício de embriões na pesquisa com células-tronco poderia retrucar o seguinte: o médico que produz embriões excedentes só o faz para aumentar as probabilidades de uma gravidez bem-sucedida; ele não sabe quais embriões serão descartados e não tenciona matar nenhum. Porém, o cientista que deliberadamente produz um embrião para fazer pesquisas com células-tronco sabe que aquele embrião vai morrer, pois, para levar a cabo a pesquisa, é necessário destruir o embrião. Charles Krauthammer, que é a favor da pesquisa com células-tronco feita com embriões excedentes dos tratamentos de FIV, mas não de embriões produzidos deliberadamente, coloca a questão de modo contundente: "O projeto de lei que legalizaria a clonagem para

# EPÍLOGO

fins de pesquisa essencialmente sanciona (...) uma iniciativa das mais mórbidas: criar vidas humanas incipientes com o único propósito de explorá-las e destruí-las."[8]

A resposta não é convincente por dois motivos. Primeiro, é enganoso dizer que criar embriões para pesquisa com células-tronco é o mesmo que criar vidas "com o único propósito" de explorá-las ou destruí-las. A destruição do embrião é admitidamente uma consequência previsível desse ato, mas o propósito é curar doenças. Aqueles que produzem embriões para tratamentos de infertilidade não desejam destruir ou explorar os excedentes, do mesmo modo que os que os produzem para fins de pesquisa também não.[9]

Em segundo lugar, embora os médicos que tratam de infertilidade e seus pacientes não saibam de antemão quais dos embriões criados serão descartados, o fato é que a FIV, como é praticada nos Estados Unidos, produz dezenas de milhares de embriões excedentes destinados à destruição. (Um estudo recente revelou que cerca de 400 mil embriões congelados estão definhando em clínicas de fertilidade americanas, contra 52 mil no Reino Unido e 71 mil na Austrália.)[10] É verdade que, uma vez que esses embriões condenados existem, "não haveria nada a perder" se fossem utilizados em pesquisas.[11] Mas definir se eles deveriam ser criados, antes de mais nada, é uma escolha de ordem política tanto quanto permitir a criação de embriões para pesquisa. As leis federais da Alemanha, por exemplo, regulam as clínicas de fertilidade e proíbem que os médicos criem mais embriões do que serão implantados. O resultado é que as clínicas de FIV alemãs não produzem embriões excedentes. A existência de um grande número de embriões condenados nos congeladores das clínicas de fertilidade americanas não é um fato inevitável da natureza, mas consequência de uma diretriz que os representantes eleitos poderiam modificar, caso assim desejassem. Até o momento, porém, poucos dos que são favoráveis a proibir a produção de embriões para fins de pesquisa se manifestaram quanto a banir a criação e destruição de embriões excedentes em clínicas de fertilidade.

Independentemente de quem esteja certo quanto ao *status* moral do embrião, uma coisa é clara: os opositores da pesquisa com embriões clonados não podem ter tudo. Não podem endossar a produção e destruição de embriões excedentes em clínicas de fertilidade, ou a utilização de tais embriões em pesquisas, e ao mesmo tempo clamar que produzir embriões especialmente para pesquisas e procedimentos médicos regenerativos é moralmente repreensível. Se for válido dizer que a clonagem para fins de pesquisas com células-tronco viola o respeito à vida do embrião, então o mesmo precisa valer para a pesquisa que se utiliza de embriões excedentes de tratamentos de FIV e para qualquer tratamento de fertilidade que produza e descarte embriões excedentes.

Aqueles que, como o senador Brownback, assumem uma atitude consistente contra o uso da vida humana embrionária estão certos ao menos neste ponto: os argumentos morais para aceitar a clonagem de embriões e a pesquisa com células-tronco de embriões descartados devem ser os mesmos.

EPÍLOGO

A questão é saber se são válidos ou não. Isso nos leva de volta à questão básica de se a pesquisa com células-tronco embrionárias deveria ser permitida.

## O *STATUS* MORAL DO EMBRIÃO

Há dois argumentos principais contra a pesquisa com células-tronco embrionárias. Um deles sustenta que, apesar dos fins nobres, a pesquisa com células-tronco é errada porque implica a destruição de embriões humanos; o outro se preocupa com a possibilidade de que, mesmo não sendo errada, a pesquisa com embriões abra caminho para uma série de práticas desumanas, tais como cultivo de embriões, bebês clonados, utilização de fetos para extração de órgãos e transformação da vida humana em uma *commodity*.

Essa última objeção, de ordem prática, merece ser levada a sério. Entretanto, suas apreensões poderiam ser resolvidas com a adoção de garantias regulatórias que impedissem que a pesquisa com embriões evoluísse para situações nefastas de exploração e abuso. Já a primeira objeção é mais desafiadora filosoficamente. Se é decisiva ou não, vai depender de qual visão do *status* moral do embrião é a correta.

É importante deixar claro, em primeiro lugar, de qual embrião se extraem as células-tronco. Não é um feto. Não possui formas ou traços humanos reconhecíveis. Não é um embrião implantado crescendo no útero de uma mulher. É, em vez disso, um blastocisto (um grupo de 180 a 200 células) crescendo numa placa de Petri e que mal é visível a olho nu. O blastocisto representa um estágio tão inicial do desenvolvimento embrionário que suas células ainda não se diferenciaram, nem assumiram propriedades de tecidos ou órgãos específicos – rins, músculos, medula etc. É por esse motivo que as células-tronco extraídas do blastocisto carregam em si a promessa de se transformarem, por meio do incentivo correto no laboratório, em qualquer tipo de célula que o pesquisador deseje estudar ou reparar. As controvérsias políticas e morais surgem do fato de que extrair as células-tronco destrói o blastocisto.

Para abordar essa controvérsia, é preciso primeiro compreender a força total da afirmação de que o embrião é moralmente equivalente a uma pessoa, a um ser humano completamente desenvolvido. Para os que sustentam esse ponto de vista, extrair células-tronco de um blastocisto é tão repugnante no sentido moral quanto extrair órgãos de um bebê para salvar a vida de outras pessoas. Alguns baseiam essa alegação na crença religiosa de que a alma surge no momento da concepção. Outros a defendem sem recorrer à religião, acompanhando a seguinte linha de raciocínio:

> *Os seres humanos não são objetos; não se deve sacrificar suas vidas contra a sua vontade, nem mesmo tendo em vista fins nobres como salvar a vida de outras pessoas. O motivo pelo qual os seres humanos não devem ser tratados como objetos nem usados simplesmente como um meio para atingir um fim é que eles são invioláveis. São, segundo Kant, fins em si*

# EPÍLOGO

*mesmos, dignos de respeito. Em que momento adquirimos essa inviolabilidade? Quando a vida humana se torna digna de respeito? A resposta não pode depender da idade ou do estágio de desenvolvimento de uma vida humana em particular. As crianças são claramente invioláveis e poucas pessoas apoiariam a extração de órgãos para transplante, ainda que de um feto. A vida de todos os seres humanos – de cada um de nós – começou como um embrião. Se nossas vidas são dignas de respeito e, portanto, inviolá- veis – unicamente em virtude de nossa humanidade –, é um erro pensar que numa idade tenra ou em um estágio inicial de desenvolvimento não seríamos dignos de respeito. A menos que consigamos apontar um momento decisivo, na passagem da concepção ao nascimento, que marque a emergência do indivíduo humano, devemos encarar os embriões como dotados da mesma inviolabilidade de seres humanos completamente desenvolvidos.*

Tentarei demonstrar por que esse argumento não é convin- cente em dois níveis: seu raciocínio é falho e carrega implica- ções morais que até seus defensores achariam difícil abraçar. Antes de me voltar para essas dificuldades, contudo, desejo reconhecer a validade de dois aspectos da visão do *status* moral equivalente. Primeiro, ela rejeita com razão a visão utilitária de moralidade, que pesa custos e benefícios sem se incomodar com a inviolabilidade das pessoas. Segundo, é inegável que o blastocisto é uma "vida humana", ao menos no sentido óbvio de que está vivo, e não morto, e que é humano, e não, digamos, bovino. Porém não se depreende desse fato biológico que o blastocisto é um ser humano, ou uma pessoa. Qualquer célula humana viva (uma célula epitelial, por exemplo) é uma "vida humana" no sentido de ser humana, e não bovina, e viva, e não morta. Mas ninguém consideraria a célula epitelial uma pessoa, nem a consideraria inviolável. Demonstrar que um blastocisto é um ser humano, ou uma pessoa, exige argumentação adicional.

### Análise da argumentação

O argumento sustentado pela visão do *status* moral equivalente começa observando que todo indivíduo foi um dia um embrião e que não há linha não arbitrária entre a concepção e a idade adulta capaz de delimitar o início da pessoalidade. Em seguida, afirma que, na ausência de tal linha, deveríamos ver o blastocisto como uma pessoa, moralmente equivalente a um ser humano plenamente desenvolvido. Esse argumento, porém, não convence por vários motivos.[12]

Primeiro um fato pequeno, mas não irrelevante: embora seja verdade que todos fomos um dia um blastocisto, nenhum de nós jamais foi um blastocisto clonado. Assim, ainda que nossa origem embrionária provasse que os embriões são pessoas, só condenaria as pesquisas com células-tronco em embriões produzidos a partir do encontro de um óvulo e um espermatozoide, e não aquelas com embriões clonados. Na verdade, alguns participantes do debate em torno das células-tronco argumentaram que blastocistos

## EPÍLOGO

clonados não são embriões no sentido estrito do termo, mas artefatos biológicos ("clonotos", e não zigotos) privados do *status* moral dos embriões humanos concebidos naturalmente. Eles sustentam que usar embriões clonados para pesquisa é, portanto, menos inquietante do ponto de vista moral do que utilizar embriões naturais.[13]

Segundo, mesmo deixando de lado a questão do "clonoto", o fato de toda pessoa ter sido um dia um embrião não prova que os embriões são pessoas. Considere a seguinte analogia: embora todo carvalho um dia tenha sido uma bolota, isso não significa que as bolotas sejam carvalhos, nem que eu deveria lamentar a perda de uma bolota devorada por um esquilo em meu jardim do mesmo modo que lamentaria a morte de um carvalho abatido por uma tempestade.[14] Apesar de terem uma relação de continuidade em termos de desenvolvimento, bolotas e carvalhos são coisas diferentes. O mesmo vale para embriões e seres humanos, do mesmo modo. Assim como as bolotas são carvalhos em potencial, os embriões humanos são seres humanos em potencial. A distinção entre pessoas de fato e pessoas em potencial não é desprovida de significado ético. Criaturas sencientes exigem uma atenção que as não sencientes não exigem; seres capazes de experiências e consciência exigem ainda mais. A vida humana se desenvolve em níveis.

Os defensores da visão do *status* moral equivalente desafiam seus interlocutores a especificarem um momento não arbitrário no curso do desenvolvimento humano em que se inicia a pessoalidade, ou a inviolabilidade. Se o embrião

## CONTRA A PERFEIÇÃO

não é uma pessoa, então quando exatamente nos tornamos pessoas? Essa não é uma pergunta que admite uma resposta fácil. Muitos apontam que o nascimento é o instante que marca o advento da pessoalidade, mas essa resposta se vê aberta à objeção de que com certeza seria errado desmembrar um feto humano em estágio avançado de desenvolvimento com o propósito de fazer pesquisas médicas. (Além da inviolabilidade, existem outros aspectos da condição de pessoa – ter um nome, por exemplo – que se seguem, dependendo da cultura ou tradição, em momentos diversos após o nascimento.)

A dificuldade de especificar o início exato da pessoalidade no curso do desenvolvimento humano não significa, entretanto, que os blastocistos sejam pessoas. Considere a seguinte analogia: suponha que alguém lhe pergunte quantos grãos de trigo constituem uma pilha. Um único não constitui, nem dois, nem três. O fato de não haver nenhum ponto não arbitrário que estabeleça quando a adição de mais um grão fará um punhado virar uma pilha não significa que inexista diferença entre um grão e uma pilha. Nem nos dá, tampouco, motivos para concluir que um grão deve ser uma pilha.

Esse enigma de especificar pontos em um *continuum*, conhecido pelos filósofos como "paradoxo sorites", remonta aos antigos gregos. ("Sorites" vem de *soros*, a palavra grega para "pilha", ou "monte".) Os sofistas usavam argumentos do tipo sorites para tentar convencer seus ouvintes de que duas qualidades distintas ligadas por um *continuum* eram

## EPÍLOGO

na verdade a mesma, ainda que a intuição e o senso comum sugerissem o contrário.[15] A calvície é um exemplo clássico. Todos concordariam que um homem com um único fio de cabelo na cabeça é careca. Que quantidade de fios marca a transição entre ser careca ou não? Embora não haja resposta determinada a essa pergunta, não se depreende com isso que não exista diferença entre ser careca e ter uma cabeça cheia de cabelos. O mesmo vale para a condição de pessoa. O fato de haver um desenvolvimento contínuo que transforma o blastocisto em embrião implantado, este em feto e, finalmente, em recém-nascido, não determina que um bebê e um blastocisto sejam, no sentido moral, equivalentes.

Os argumentos que se apoiam na origem embrionária e na continuidade do desenvolvimento humano, portanto, não conduzem à conclusão de que o blastocisto é inviolável, que equivale moralmente a uma pessoa. Além de identificar as falhas nesse raciocínio, é possível ainda desafiar a visão do *status* moral equivalente de outro ponto de vista. Talvez a melhor maneira de ver sua implausibilidade seja observar que mesmo aqueles que a sustentam hesitam em abraçar todas as suas implicações.

### Aprofundamento das implicações

Em 2001, o presidente George W. Bush anunciou uma diretriz que restringia o financiamento federal das pesquisas com células-tronco já existentes, de modo que nenhum recurso proveniente dos contribuintes viesse a estimular ou apoiar a destruição de embriões. E em 2006 ele vetou um projeto de lei para financiar novas pesquisas com células-tronco, afirmando que não desejava apoiar "a morte de vidas humanas inocentes". Entretanto, é espantoso que, embora o presidente tenha restringido o financiamento de pesquisas com células-tronco, ele não tenha feito qualquer esforço para proibi-la. Adaptando o slogan do dilema de um presidente anterior, a atitude política de Bush poderia ser resumida como *"Don't fund, don't ban"* (algo como "Não financiar, não proibir"). Essa atitude, contudo, não se encaixa muito bem na ideia de que um embrião é um ser humano.

Se a prática de extrair células-tronco de um blastocisto fosse de fato equivalente a extrair órgãos de um bebê, então a única atitude política moralmente responsável seria proibi--la, e não apenas vetar-lhe financiamento federal. Se alguns médicos aderissem à prática de matar crianças para obter órgãos para transplante, ninguém apoiaria uma atitude de proibir o infanticídio feito com fundos federais e permitir aquele feito pela iniciativa privada. Na verdade, se estivéssemos convencidos de que a pesquisa com células-tronco embrionárias fosse a mesma coisa que infanticídio, não apenas a proibiríamos como a trataríamos como uma forma abjeta de assassinato e sujeitaríamos os cientistas envolvidos à punição criminal.

Poderíamos argumentar, em defesa da medida do presidente, que seria pouco provável que o Congresso aprovasse uma proibição completa da pesquisa com células-tronco.

## EPÍLOGO

Entretanto, isso não explica por que, se Bush realmente considerava que os embriões são seres humanos, ele pelo menos não propôs tal proibição, nem rogou aos cientistas que parassem pesquisas com células-tronco que envolvem a destruição de embriões. Ao contrário, destacou o fato de que "não houve proibição à pesquisa com células-tronco embrionárias" ao se vangloriar das virtudes de sua "abordagem equilibrada" da questão.[16]

A estranheza moral do "não financiar, não proibir" de Bush torna completamente compreensível a gafe de seu secretário de Imprensa. A afirmação errônea do porta-voz de que o presidente considerava "assassinato" destruir embriões simplesmente seguiu a lógica moral da ideia de que embriões são seres humanos. Só foi gafe porque a política de Bush não acompanhou as implicações de tal lógica.

Os defensores da visão do *status* moral equivalente poderiam retrucar apenas que deixam de apoiar políticos que não vão até o fim nas implicações de sua atitude, seja por não banir a pesquisa com células-tronco, seja por não banir os tratamentos de fertilidade que produzem e descartam embriões excedentes. Até o mais íntegro dos políticos faz concessões aos seus princípios de tempos em tempos; isso não é algo exclusivo dos que acreditam que os embriões são seres humanos. Mas, mesmo deixando a política de lado, os defensores bem-intencionados do *status* moral equivalente poderiam se ver pressionados a endossar todas as implicações de sua atitude.

CONTRA A PERFEIÇÃO

Considere a seguinte situação hipotética (sugerida pela primeira vez, até onde sei, por George Annas):[17] suponha que houvesse um incêndio em uma clínica de fertilidade e que você só tivesse tempo para salvar uma menina de 5 anos ou uma bandeja com vinte embriões congelados. Seria errado salvar a menina? Ainda preciso encontrar um defensor do *status* moral equivalente que diga que escolheria salvar a bandeja de embriões. Mas, se você realmente acreditasse que aqueles embriões são seres humanos, e todos os demais fatores fossem idênticos (isto é, se você não tivesse nenhuma relação pessoal nem com a menina nem com os embriões), sob que bases você poderia justificar salvar a menina?

Então considere uma situação menos hipotética. Recentemente participei de um debate sobre células-tronco com um defensor da visão de que um blastocisto é moralmente equivalente a um bebê. Após nossa discussão, um membro da plateia relatou uma experiência pessoal. Ele e a esposa haviam concebido três filhos com sucesso por meio da fertilização *in vitro*. Não tinham vontade de ter mais filhos, no entanto ainda restavam três embriões viáveis para implantação. O que, perguntou o homem, ele e a esposa deveriam fazer com os embriões excedentes?

Meu interlocutor partidário da defesa da vida respondeu que seria errado explorar esses embriões usando-os (e destruindo-os) em uma pesquisa com células-tronco. Supondo que não houvesse ninguém disposto a adotá-los, a única coisa a fazer era deixar que morressem com dignidade. Considerando que aqueles embriões eram moralmente

## EPÍLOGO

equivalentes a crianças, não pude argumentar contra aquela conclusão. Se encontrássemos prisioneiros injustamente condenados à morte, não seria certo dizer: "Vamos aproveitar então o melhor dessa situação e extrair seus órgãos para transplante."

O que achei intrigante na resposta dele não foi sua resistência a sancionar o uso de embriões em pesquisas, mas sua relutância em articular todas as implicações daquela atitude. Se tais embriões eram de fato seres humanos em tenra idade, então a resposta honesta seria dizer ao homem que o que ele e a esposa haviam feito ao criar e descartar aqueles embriões era nada mais nada menos do que criar três irmãos extras para seus filhos e depois abandonar os indesejados para morrer à míngua em uma montanha congelada (ou no congelador). Mas, se essa descrição é moralmente válida – se os 400 mil embriões excedentes congelados em clínicas de fertilidade nos Estados Unidos são equivalentes a recém-nascidos deixados para morrer à míngua em uma montanha congelada –, então por que os opositores das pesquisas com células-tronco não estão liderando uma campanha para acabar com algo que veem como infanticídio desenfreado?

Aqueles que consideram que os embriões são pessoas poderiam retrucar que sim, se opõem a tratamentos de infertilidade que produzem e descartam embriões excedentes, mas têm poucas esperanças de conseguir banir essa prática. Contudo, as plenas implicações de sua atitude apontam para algo que vai além até mesmo da preocupação com embriões perdidos na FIV. Os defensores da fertilização *in vitro* observam que o índice de perda de embriões na reprodução assistida é na verdade menor do que o que ocorre na gravidez natural; nessa, mais da metade de todos os óvulos fecundados ou não consegue se implantar no útero ou se perde de alguma outra maneira. Esse fato destaca outro problema da visão que iguala embriões a seres humanos. Se a morte de um embrião em estágio inicial de desenvolvimento é uma ocorrência comum na procriação natural, talvez devêssemos nos preocupar menos com a perda de embriões que ocorre em tratamentos de infertilidade e pesquisas com células-tronco.[18]

Aqueles que consideram que os embriões são pessoas retrucam, com razão, que um índice elevado de mortalidade infantil não justificaria infanticídio. Porém o modo como reagimos à perda natural de embriões sugere que não consideramos esse acontecimento equivalente à morte de uma criança, nem do ponto de vista moral nem do ponto de vista religioso. Até mesmo as tradições religiosas que mais respeitam a vida humana incipiente não pregam que se façam os mesmos rituais funerários para a perda de um embrião e a morte de uma criança. Além disso, se a perda dos embriões ocorrida na reprodução natural fosse moralmente equivalente à morte de crianças, então a gravidez deveria ser encarada como uma crise de saúde pública de proporções epidêmicas; reduzir a perda natural de embriões seria uma causa moral mais urgente do que as do aborto, da fertilização *in vitro* e da pesquisa com células-tronco juntas. No entanto, poucas pessoas preocupadas com essas causas

## EPÍLOGO

estão lançando campanhas ambiciosas ou buscando novas tecnologias para prevenir ou reduzir a perda de embriões na gravidez natural.

### A garantia ao respeito

Não estou sugerindo, ao criticar a ideia de que embriões são seres humanos, que os embriões são meros objetos, sujeitos a qualquer uso que possamos desejar ou vislumbrar. Os embriões não são invioláveis, porém tampouco são objetos à nossa disposição. Aqueles que consideram que os embriões são pessoas costumam supor que a única visão alternativa é vê-los com indiferença moral. Mas não é preciso enxergar o embrião como um ser humano completamente desenvolvido para conferir-lhe certo respeito. Enxergar um embrião como um mero objeto deixa de lado sua importância como vida humana em potencial. Poucas pessoas aprovariam a destruição gratuita de embriões ou o uso de embriões para desenvolver uma nova linha de cosméticos. Considerar que os embriões humanos não devem ser tratados como meros objetos, porém, não prova que eles sejam pessoas.

A pessoalidade não é a única garantia de respeito. Se um bilionário excêntrico comprasse o *Noite estrelada* de van Gogh e o utilizasse como capacho, esse uso seria uma espécie de sacrilégio, uma incapacidade escandalosa de demonstrar respeito — não porque consideramos o quadro uma pessoa, mas porque, como grande obra de arte, é digno de

CONTRA A PERFEIÇÃO

uma valorização mais elevada do que o mero uso. Também consideramos um ato de desrespeito quando alguém que faz trilhas esculpe suas iniciais em uma sequoia antiga – não porque consideramos a sequoia uma pessoa, mas porque a consideramos uma maravilha da natureza, digna de apreciação e reverência. Respeitar a floresta antiga não significa impedir que qualquer árvore seja derrubada ou extraída para propósitos humanos. O respeito à floresta pode ser condizente com seu uso. Mas os propósitos devem ser importantes e dignos da natureza maravilhosa do objeto.

A convicção de que o embrião é uma pessoa deriva não apenas de certas doutrinas religiosas como também da alegação kantiana de que o universo moral se divide em termos binários: tudo ou é pessoa, digna de respeito, ou coisa, sujeita ao uso. Mas, como sugerem os exemplos do quadro de van Gogh e da sequoia, esse dualismo é exagerado.

O modo de combater as tendências instrumentalizadoras da tecnologia e do comércio modernos não é insistir em uma ética tudo ou nada que respeita pessoas e rebaixa todo o restante das formas de vida ao uso calculado. Uma ética assim ameaça transformar toda questão moral em uma batalha sobre os limites da pessoalidade. Ganharíamos mais cultivando uma valorização mais ampla da vida como dádiva que pede nossa reverência e restringe nosso uso. A utilização da engenharia genética para produzir bebês sob encomenda é a expressão máxima da *hybris* que marca a perda da reverência pela vida como algo dado, uma dádiva. Mas a pesquisa com células-tronco voltada para a cura de doenças debilitantes

## EPÍLOGO

que utiliza blastocistos não implantados é um exercício nobre do engenho humano para promover a cura e desempenhar nosso papel de reparar o mundo dado.

Aqueles que nos advertem sobre os terrenos escorregadios, como o cultivo de embriões e a transformação de gametas e zigotos em *commodities,* têm razão em se preocupar, mas não em supor que a pesquisa com embriões necessariamente nos expõe a esses perigos. Em vez de banir as pesquisas com células-tronco embrionárias e a clonagem para fins de pesquisa, deveríamos permitir sua continuidade sob regulações que englobem as restrições morais adequadas ao mistério do início da vida humana. Tais regulações deveriam incluir a proibição da clonagem humana para fins de reprodução; limites razoáveis à extensão de tempo que um embrião pode ser cultivado em laboratório; exigências para emitir licenças para clínicas de fertilidade; restrições quanto à transformação de óvulos e espermatozoides em *commodities* e criação de um banco de células-tronco para evitar que os interesses de patentes monopolizem o acesso à pesquisa com células-tronco. Essas medidas, ao que me parece, oferecem as melhores esperanças para evitar o uso descontrolado da vida humana incipiente e tornar o progresso da biomedicina uma bênção para a saúde, não mais um episódio da erosão de nossas sensibilidades humanas.

# NOTAS

## 1. A ÉTICA DO MELHORAMENTO

1. Margarette Driscoll, "Why We Chose Deafness for Our Children", *Sunday Times* (Londres), 14 abr. 2002. Ver também Liza Mundy, "A World of Their Own", *Washington Post*, 31 mar. 2002, p. W22.
2. Driscoll, "Why We Chose Deafness".
3. Ver Gina Kolata, "$50,000 Offered to Tall, Smart Egg Donor", *New York Times*, 3 mar. 1999, p. A10.
4. Alan Zarembo, "California Company Clones a Woman's Cat for $50,000", *Los Angeles Times*, 23 dez. 2004.
5. Ver o site da Genetic Savings & Clone, disponível em: http://www.msavingsandclone.com; Zarembo, "California Company Clones a Woman's Cat".
6. A frase "melhor do que a encomenda" ("*better than well*") é de Carl Elliott, *Better Than Well: American Medicine Meets the American Dream* (Nova York: W.W. Norton, 2003), que, por sua vez, cita Peter D. Kramer, *Listening to Prozac*, ed. rev. (Nova York: Penguin, 1997).
7. E.M. Swift e Don Yaeger, "Unnatural Selection", *Sports Illustrated*, 14 mai. 2001, p. 86; H. Lee Sweeney, "Gene Doping", *Scientific American*, jul. 2004, pp. 62-69.

# CONTRA A PERFEIÇÃO

8. Richard Sandomir, "Olympics: Athletes May Next Seek Genetic Enhancement", *New York Times*, 21 mar. 2002, p. 6.

9. Rick Weiss, "Mighty Smart Mice", *Washington Post*, 2 set. 1999, p. A1; Richard Saltus, "Altered Genes Produce Smart Mice, Tough Questions", *Boston Globe*, 2 set. 1999, p. A1; Stephen S. Hall, "Our Memories, Our Selves", *New York Times Magazine*, 15 fev. 1998, p. 26.

10. Hall, "Our Memories, Our Selves", p. 26; Robert Langreth, "Viagra for the Brain", *Forbes*, 4 fev. 2002; David Tuller, "Race Is On for a Pill to Save the Memory", *New York Times*, 29 jul. 2003; Tim Tully et al., "Targeting the CREB Pathway for Memory Enhancers", *Nature 2* (abr. 2003):267-277; disponível em: http://www.memorypharma.com.

11. Ellen Barry, "Pill to Ease Memory of Trauma Envisioned", *Boston Globe*, 18 nov. 2002, p. A1; Robin Maranz Henig, "The Quest to Forget", *New York Times Magazine*, 4 abr. 2004, pp. 32-37; Gaia Vince, "Rewriting Your Past", *New Scientist*, 3 dez. 2005, p. 32.

12. Marc Kaufman, "FDA Approves Wider Use of Growth Hormone", *Washington Post*, 26 jul. 2003, p. A12.

13. Patricia Callahan e Leila Abboud, "A New Boost for Short Kids", *Wall Street Journal*, 11 jun. 2003.

14. Kaufman, "FDA Approves Wider Use of Growth Hormone"; Melissa Healy, "Does Shortness Need a Cure?", *Los Angeles Times*, 11 ago. 2003.

15. Callahan e Abboud, "A New Boost for Short Kids".

16. Talmud, *Niddah* 31b, citado em Miryam Z. Wahrman, *Brave New Judaism: When Science and Scripture Collide* (Hanover: Brandeis University Press, 2002, p. 126); Meredith Wadman,

# NOTAS

"So You Want a Girl?", *Fortune*, 19 fev. 2001, p. 174; Karen Springen, "The Ancient Art of Making Babies", *Newsweek*, 26 jan. 2004, p. 51.

17. Susan Sachs, "Clinics' Pitch to Indian Emigrés: It's a Boy", *New York Times*, 15 ago. 2001, p. A1; Seema Sirohi, "The Vanishing Girls of India", *Christian Science Monitor*, 30 jul. 2001, p. 9; Mary Carmichael, "No Girls, Please", *Newsweek*, 16 jan. 2004; Scott Baldauf, "India's 'Girl Deficit' Deepest among Educated", *Christian Science Monitor*, 13 jan. 2006, p. 1; Nicholas Eberstadt, "Choosing the Sex of Children: Demographics", apresentação ao Conselho de Bioética do presidente George W. Bush, 17 out. 2002, disponível em: http://www.bioethics.gov/transcripts/octo2/ses-sionz.html; B.M. Dickens, "Can Sex Selection Be Ethically Tolerated?", *Journal of Medical Ethics* 28 (dez. 2002) pp. 335-336; "Quiet Genocide: Declining Child Sex Ratios", *Statesman* (India), 17 dez. 2001.

18. Ver o site do Genetics & IVF Institute, disponível em: http://www.microsort.net; ver também Meredith Waldman, "So You Want a Girl?"; Lisa Belkin, "Getting the Girl", *New York Times Magazine*, 25 jul. 1999; Claudia Kalb, "Brave New Babies", *Newsweek*, 16 jan. 2004, pp. 45-52.

19. Felicia R. Lee, "Engineering More Sons than Daughters: Will It Tip the Scales toward War?", *New York Times*, 3 jul. 2004, p. B7; David Glenn, "A Dangerous Surplus of Sons?", *Chronicle of Higher Education*, 30 abr. 2004, p. A14; Valerie M. Hudson e Andrea M. den Boer, *Bare Branches: Security Implications of Asia's Surplus Male Population* (Cambridge: MIT Press, 2004).

20. Disponível em: http://www.microsort.net.

CONTRA A PERFEIÇÃO

## 2. ATLETAS BIÔNICOS

1. Por esse motivo, não concordo com o argumento central da análise do melhoramento de desempenho apresentada em *Beyond Therapy: Biotechnology and the Pursuit of Happiness*, A Report of the President's Council on Bioethics (Washington, 2003), p. 123-156, disponível em: http://www.bioethics. gov/reports/beyondtherapy/index.html.

2. Hank Cola, "Fore! Look Out for Lasik", *Daily News*, 28 mai. 2002, p. 67.

3. Ver Malcolm Gladwell, "Drugstore Athlete", *New Yorker*, 10 set. 2001, p. 52, e Neal Bascomb, *The Perfect Mile* (Londres: CollinsWillow, 2004).

4. Ver Andrew Tilin, "The Post-Human Race", *Wired*, ago. 2002, pp. 82-89, 130-131, e Andrew Kramer, "Looking High and Low for Winners", *Boston Globe*, 8 jun. 2003.

5. Ver Matt Seaton e David Adam, "If This Year's Tour de France Is 100% Clean, Then That Will Certainly Be a First", *Guardian*, 3 jul. 2003, p. 4, e Cladwell, "Drugstore Athlete".

6. Gina Kolata, "Live at Altitude? Sure. Sleep There? Not So Sure", *New York Times*, 26 jul. 2006, p. C12; Christa Case, "Athlete Tent Gives Druglike Boost. Should It Be Legal?", *Christian Science Monitor*, 12 mai. 2006; agradeço a Thomas H. Murray, presidente do Comitê de Ética da Agência Mundial Antidoping, por me fornecer uma cópia do seguinte memorando do comitê: "WADA Note on Artificially Induced Hypoxic Conditions", 24 mai. 2006.

7. Selena Roberts, "In the NFL, Wretched Excess Is the Way to Make the Roster", *New York Times*, 1º ago. 2002, pp. A21, A23.

## NOTAS

8. Ibid., p. A23.

9. Devo a Leon Kass a sugestão do exemplo de *Carruagens de fogo*.

10. Ver Blair Tindall, "Better Playing through Chemistry", *New York Times*, 17 out. 2004.

11. Anthony Tommasini, "Pipe Down! We Can Hardly Hear You", *New York Times*, 1º jan. 2006, pp. AR1, AR25.

12. Ibid., p. AR25.

13. Ibid.

14. G. Pascal Zachary, "Steroids for Everyone!", *Wired*, abr. 2004.

15. *PGA Tour, Inc., v. Casey Martin*, 532 U.S. 661 (2001). Discordância do juiz Scalia: 699-701.

16. Hans Ulrich Gumbrecht expõe argumento semelhante ao descrever a excelência nos esportes como uma expressão de beleza, digna de admiração. Ver Gumbrecht, *In Praise of Athletic Beauty* (Cambridge: Harvard University Press, 2006). Tony LaRussa, um dos mais destacados treinadores de beisebol, vale-se do argumento da beleza para descrever jogadas que captam a essência sutil desse jogo: *"Beautiful. Just beautiful baseball."* Citado em Buzz Bissinger, *Three Nights in August* (Boston: Houghton Mifflin, 2005, pp. 2, 216-217, 253).

## 3. FILHOS PROJETADOS, PAIS PROJETISTAS

1. Comentários de William F. May no Conselho de Bioética do presidente George W. Bush feitos em 17 out. 2002. Disponível em: http://bioethicsprint.bioethics.gov/transcripts/octo2/session2html.

# CONTRA A PERFEIÇÃO

2. Julian Savulescu, "New Breeds of Humans: The Moral Obligation to Enhance", *Ethics, Law, and Moral Philosophy of Reproductive Biomedicine* 1, nº 1 (mar. 2005), pp. 36-39; Julian Savulescu, "Why I Believe Parents Are Morally Obliged to Genetically Modify Their Children", *Times Higher Education Supplement*, 5 nov. 2004, p. 16.

3. Comentários de William F. May no Conselho de Bioética do presidente George W. Bush feitos em 17 jan. 2002. Disponível em: www.bioethicsgov/transcripts/jano2/jansession2introhtml. Ver também William F. May, "The President's Council on Bioethics: My Take on Some of Its Deliberations", *Perspectives in Biology and Medicine* 48 (primavera de 2005), pp. 230-231.

4. Ibid.

5. Ver Alvin Rosenfeld e Nicole Wise, *Hyper-Parenting: Are You Hurting Your Child by Trying Too Hard?* (Nova York: St. Martin's Press, 2000).

6. Robin Finn, "Tennis: Williamses Are Buckled in and Rolling, at a Safe Pace", *New York Times*, 14 nov. 1999, sec. 8, p. 1; Steve Simmons, "Tennis Champs at Birth", *Toronto Sun*, 19 ago. 1999, p. 95.

7. Dale Russakoff, "Okay, Soccer Moms and Dads: Time Out!", *Washington Post*, 25 ago. 1998, p. A1; Jill Young Miller, "Parents, Behave! Soccer Moms and Dads Find Themselves Craded on Conduct, Ordered to Keep Quiet", *Atlanta Journal and Constitution*, 9 out. 2000, p. 1D; Tatsha Robertson, "Whistles Blow for Alpha Families to Call a Timeout", *BostonGlobe*, 26 nov. 2004, p. A1.

# NOTAS

8. Bill Pennington, "Doctors See a Big Rise in Injuries as Young Athletes Train Nonstop", *New York Times*, 22 fev. 2005, pp. A1, C19.

9. Tamar Lewin, "Parents' Role Is Narrowing Generation Gap on Campus", *New York Times*, 6 jan. 2003, p. A1.

10. Jenna Russell, "Fending Off the Parents", *Boston Globe*, 20 nov. 2002, p. A1; ver também Marilee Jones, "Parents Get Too Aggressive on Admissions", *USA Today*, 6 jan. 2003, p. 13A; Barbara Fitzgerald, "Helicopter Parents", *Richmond Alumni Magazine*, inverno de 2006, pp. 20-23.

11. Judith R. Shapiro, "Keeping Parents off Campus", *New York Times*, 22 ago. 2002, p. 23.

12. Liz Marlantes, "Prepping for the Test", *Christian Science Monitor*, 2 nov. 1999, p. 11.

13. Marlon Manuel, "SAT Prep Came Not a Trivial Pursuit", *The Atlanta Journal-Constitution*, 8 out. 2002, p. 1E.

14. Jane Cross, "Paying for a Disability Diagnosis to Gain Time on College Boards", *New York Times*, 26 set. 2002, p. A1.

15. Robert Worth, "Ivy League Fever", *New York Times*, 24 set. 2000, Seção 14WC, p. 1; Anne Field, "A Guide to Lead You through the College Maze", *Business Week*, 12 mar. 2001.

16. Ver o website da empresa, disponível em: www.ivywise.com; Liz Willen, "How to Get Holly into Harvard", *Bloomberg Markets*, set. 2003.

17. Cohen, citado em David L. Kirp e Jeffrey T. Holman, "This Little Student Went to Market", *American Prospect*, 7 out. 2002, p. 29.

18. Robert Worth, "For $300 an Hour, Advice on Courting Elite Schools", *New York Times*, 25 out. 2000, p. B12; Jane Gross,

# CONTRA A PERFEIÇÃO

"Right School for 4-Year-Old? Find an Adviser", *New York Times*, 28 mai. 2003, p. A1.

19. Emily Nelson e Laurie P. Cohen, "Why Jack Grubman Was So Keen to Get His Twins into the Y", *Wall Street Journal*, 1º nov. 2002, p. A1; Jane Gross, "No Talking Out of Preschool", *New York Times*, 15 nov. 2002, p. B1.

20. Constance L. Hays, "For Some Parents, It's Never Too Early for SAT Prep", *New York Times*, 20 dez. 2004, p. C2; Worth, "For $300 an Hour".

21. Marjorie Coeyman, "Childhood Achievement Test", *Christian Science Monitor*, 17 dez. 2002, p. 11, citando estudo sobre dever de casa feito pelo University of Michigan Survey Research Center; Kate Zernike, "No Time for Napping in Today's Kindergarten", *New York Times*, 23 out. 2000, p. A1; Susan Brenna, "The Littlest Test Takers", *New York Times Education Life*, 9 nov. 2003, p. 32.

22. Ver Lawrence H. Diller, *Running on Ritalin: A Physician Reflects on Children, Society, and Performance in a Pill* (Nova York: Bantam, 1998); Lawrence H. Diller, *The Last Normal Child* (Nova York: Praeger, 2006); Gardiner Harris, "Use of Attention-Deficit Drugs Is Found to Soar among Adults", *New York Times*, 15 set. 2005. Dados sobre a produção de ritalina e anfetamina são do Methylphenidate Annual Production Quota (1990-2005) e do Amphetamine Annual Production Quota (1990-2005), Escritório de Assuntos Públicos, Agência Antidrogas, Departamento de Justiça, Washington, D.C., 2005, citado em Diller, *The Last Normal Child*, pp. 22, 132-133.

23. Susan Okie, "Behavioral Drug Use in Toddlers Up Sharply", *Washington Post*, 23 fev. 2000, p. A1, citando estudo de Julie

## NOTAS

Magno Zito no *Journal of the American Medical Association*, fev. 2000. Ver também Sheryl Cay Stolbcrg, "Preschool Meds", *New York Times Magazine*, 17 nov. 17, 2002, p. 59; Erica Goode, "Study Finds Jump in Children Taking Psychiatric Drugs", *New York Times*, 14 jan. 2003, p. A21; Andrew Jacobs, "The Adderall Advantage", *New York Times Education Life*, 31 jul. 2005, p. 16.

## 4. A NOVA E A VELHA EUGENIAS

1. Ver o excelente histórico da eugenia feito por Daniel J. Kevles, *In the Name of Eugenics* (Cambridge: Harvard University Press, 1995, pp. 3-19).
2. Francis Galton, *Hereditary Genius: An Inquiry into Its Laws and Consequences* (Londres: Macmillan, 1869, p. 1), citado em Kevles, *In the Name of Eugenics*, p. 4.
3. Francis Galton, *Essays in Eugenics* (Londres: Eugenics Education Society, 1909, p. 42).
4. Charles B. Davenport, *Heredity in Relation to Eugenics* (Nova York: Henry Holt & Company, 1911; Nova York: Arno Press, 1972, p. 271), citado em Edwin Black, *War against the Weak* (Nova York: Four Walls Eight Windows, 2003, p. 45); ver também Kevles, *In the Name of Eugenics*, pp. 4156.
5. Carta de Theodore Roosevelt a Charles B. Davenport de 3 de janeiro de 1913, citada em Black, *War against the Weak*, p. 99; ver, de modo geral, Black, *War against the Weak*, pp. 93105, e Kevles, *In the Name of Eugenics*, pp. 85-95.

# CONTRA A PERFEIÇÃO

6. Margaret Sanger, citada em Kevles, *In the Name of Eugenics*, p. 90; ver também Black, *War against the Weak*, pp. 125-144.

7. Kevles, *In the Name of Eugenics*, pp. 61-63, 89.

8. Ibid., pp. 100, 107-112; Black, *War against the Weak*, pp. 117-123; *Buck v. Bell*, 274 U.S. (1927).

9. Adolf Hitler, *Mein Kampf*, Ralph Manheim (trad.) (Boston: Houghton Mifflin, 1943, vol. 1, cap. 10, p. 255), citado em Black, *War against the Weak*, p. 274.

10. Black, *War against the Weak*, pp. 300-302.

11. Kevles, *In the Name of Eugenics*, p. 169; Black, *War against the Weak*, p. 400.

12. Lee Kuan Yew, "Talent for the Future", discurso feito no comício do Dia Nacional de Cingapura, 14 ago. 1983, citado em Saw Swee-Hock, *Population Policies and Programmes in Singapore* (Cingapura: Institute of South East Asian Studies, 2005, pp. 243-249, Apêndice A), disponível em: www.yayapapayaz. com/ ringisei/2006/o7/11/ndr1983/.

13. C.K. Chan, "Eugenics on the Rise: A Report from Singapore", em Ruth F. Chadwick (ed.), *Ethics, Reproduction, and Genetic Control* (Londres: Routledge, 1994, p. 164-171). Ver também Dan Murphy, "Need a Mate? In Singapore, Ask the Government", *Christian Science Monitor*, 26 jul. 2002, p. 1.

14. Sara Webb, "Pushing for Babies: Singapore Fights Fertility Decline", Reuters, 26 abr. 2006, disponível em: http://www. singapore-window.org/.

15. Mark Henderson, "Let's Cure Stupidity, Says DNA Pioneer", *Times* (Londres), 23 fev. 2003, p. 13.

16. Steve Boggan, "Nobel Winner Backs Abortion 'For Any Reason'", *Independent* (Londres), 17 fev. 1997, p. 7.

# NOTAS

17. Gina Kolata, "$50,000 Offered to Tall, Smart Egg Donor", *New York Times*, 3 mar. 1999, p. A10; Carey Goldberg, "On Web, Models Auction Their Eggs to Bidders for Beautiful Children", *New York Times*, 23 out. 1999, p. A11; Carey Goldberg, "Egg Auction on Internet Is Drawing High Scrutiny", *New York Times*, 28 out. 1999, p. A26.

18. Graham, citado em David Plotz, "The Better Baby Business", *Slate*, 13 mar. 2001, disponível em: http://www.slate.com/id/102374/.

19. David Plotz, "The Myths of the Nobel Sperm Bank", *Slate*, 23 fev. 2001, disponível em: http://www.slate.com/id/101318/; e Plotz, "The Better Baby Business". Ver também Kevles, *In the Name of Eugenics*, pp. 262-263.

20. Devo aqui à ótima matéria sobre o Cryobank em: David Plotz, "The Rise of the Smart Sperm Shopper", *Slate*, 20 abr. 2001, disponível em: http://www.slate.com/id/104633/.

21. Rothman, citado em Plotz, "The Rise of the Smart Sperm Shopper". Para qualificações e remunerações a doadores de sêmen, ver website da Cryobank: http://www.cryobanla.com/index.cfm?page=35. Ver também Sally Jacobs, "Wanted: Smart Sperm", *Boston Globe*, 12 set. 1993, p. 1.

22. Nicholas Agar, "Liberal Eugenics", *Public Affairs Quarterly* 12, nº 2 (abr. 1998), p. 137. Reimpresso em Helga Kuhse e Peter Singer (eds.), *Bioethics: An Anthology* (Blackwell, 1999, p. 171).

23. Allen Buchanan et al., *From Chance to Choice: Genetics and Justice* (Cambridge: Cambridge University Press, 2000, pp. 27-60, 156-191, 304-345).

# CONTRA A PERFEIÇÃO

24. Ronald Dworkin, "Playing God: Genes, Clones, and Luck", em Ronald Dworkin, *Sovereign Virtue* (Cambridge: Harvard University Press, 2000, p. 452).

25. Robert Nozick, *Anarchy, State, and Utopia* (Nova York: Basic Books, 1974, p. 315).

26. John Rawls, *A Theory of Justice* (Cambridge: Harvard University Press, 1971, pp. 107-108).

27. Devo a David Grewal argumentos iluminados sobre essa questão.

28. A frase é de Joel Feinberg: "The Child's Right to an Open Future", em W. Aiken e H. LaFollette (eds.), *Whose Child? Children's Rights, Parental Authority, and State Power* (Totowa: Rowman and Littlefield, 1980). Foi usada para se referir à eugenia liberal em Buchanan et al., *From Chance to Choice*, pp. 170-176.

29. Buchanan et al., *From Chance to Choice*, p. 174.

30. Dworkin, "Playing God: Genes, Clones, and Luck", p. 452.

31. Jürgen Habermas, *The Future of Human Nature* (Oxford: Polity Press, 2003, pp. vii, 2).

32. Ibid., p. 79.

33. Ibid., p. 23.

34. Ibid., pp. 64-65.

35. Ibid., pp. 58-59. Os argumentos de Arendt sobre natalidade e atos humanos podem ser encontrados em Hannah Arendt, *The Human Condition* (Chicago: University of Chicago Press, 1958, pp. 8-9, 177-178, 247).

36. Ibid., p. 75.

37. A ideia de que depender de uma força impessoal é menos pernicioso à liberdade do que depender de um indivíduo encontra

NOTAS

paralelo no contrato social de Jean-Jacques Rousseau: "Cada qual, dando-se a todos, não se dá a ninguém." Ver Rousseau, *On the Social Contract* (1762), Donald A. Cress (ed. e trad.) (Indianápolis: Hackett Publishing Co., 1983, Livro I, cap. VI, p. 24).

## 5. DOMÍNIO E TALENTO

1. Tom Verducci, "Getting Amped: Popping Amphetamines or Other Stimulants Is Part of Many Players' Pregame Routine", *Sports Illustrated*, 3 jun. 2002, p. 38.
2. Ver Amy Harmon, "The Problem with an Almost-Perfect Genetic World", *New York Times*, 20 nov. 2005; Amy Harmon, "Burden of Knowledge: Tracking Prenatal Health", *New York Times*, 20 jun. 2004; Elizabeth Weil, "A Wrongful Birth?", *New York Times*, 12 mar. 2006. Para uma visão geral das complexidades morais dos exames pré-natais, ver Erik Parens e Adrienne Asch (eds.), *Prenatal Testing and Disability Rights* (Washington: Georgetown University Press, 2000).
3. Ver Laurie McGinley, "Senate Approves Bill Banning Bias Based on Genetics", *Wall Street Journal*, 15 out. 2003, p. D11.
4. Ver John Rawls, *A Theory of Justice* (Cambridge: Harvard University Press, 1971, pp. 72-75, 102-105).
5. Esse desafio à minha argumentação foi colocado, de diferentes pontos de vista, por Carson Strong, em "Lost in Translation", *American Journal of Bioethics* 5 (mai.-jun. 2005), pp. 29-31, e por Robert P. George, em uma discussão numa das reuniões do

## CONTRA A PERFEIÇÃO

Conselho de Bioética do presidente George W. Bush, 12 dez. 2002 (transcrição disponível em: http://www.bioethics.gov/transcripts/decoz/session4.html).

6. Para uma discussão iluminadora a respeito de como as manifestações modernas de autocompreensão se valem, de maneiras complexas, de fontes morais não reconhecidas, ver Charles Taylor, *Sources of the Self* (Cambridge: Harvard University Press, 1989).

7. Ver Frances M. Kamm, "Is There a Problem with Enhancement?", *American Journal of Bioethics* 5 (mai.-jun. 2005), pp.1-10. Kamm, ao fazer a crítica atenta de uma versão anterior da minha argumentação, interpreta o que chamo de "impulso" ou "disposição" para o domínio como desejo ou motor de agentes individuais e argumenta que agir com base em tal desejo não faz do melhoramento algo inadmissível.

8. Devo os argumentos sobre essa questão a Patrick Andrew Thronson em sua monografia de graduação "Enhancement and Reflection: Korsgaard, Heidegger, and the Foundations of Ethical Discourse", Harvard University, 3 dez. 2004; ver também Jason Robert Scott, "Human Dispossession and Human Enhancement", *American Journal of Bioethics* 5 (mai.-jun. 2005), pp. 27-28.

9. Ver Isaiah Berlin, "John Stuart Mill and the Ends of Life", em *Berlin, Four Essays on Liberty* (Londres: Oxford University Press, 1969, p. 193), ao citar Kant: "Da madeira torta da humanidade nada de reto jamais foi feito."

10. Robert L. Sinsheimer, "The Prospect of Designed Genetic Change", *Engineering and Science Magazine*, abr. 1969 (Cali-

## NOTAS

fornia Institute of Technology). Reimpresso em Ruth F. Chadwick (ed.), *Ethics, Reproduction and Genetic Control* (Londres: Routledge, 1994, pp. 144-145).

11. Ibid., p. 145.
12. Ibid., pp. 145-146.

## EPÍLOGO
### Ética embrionária: o debate sobre as células-tronco

1. "President Discusses Stem Cell Research Policy", Escritório do Porta-Voz da Casa Branca, 19 jul. 2006, disponível em: http://www.whitehousegov/news/releases/2006/07/20060719-3. html; George W. Bush, "Message to the House of Representatives", Escritório do Porta-Voz da Casa Branca, 19 jul. 2006, disponível em: http://www.whitehousagov/news/releases/2006/07/20060719-5. html.

2. Press-release de Tony Snow, Escritório do Porta-Voz da Casa Branca, 18 jul. 2006, disponível em: http://www.whitehouse. gov/news/releases/2006/07/20060718.html; press-release de Tony Snow, Escritório do Porta-Voz da Casa Branca, 24 jul. 2006, disponível em: http://www.whitehouse.gov/news/relea-ses/2006/07/20060724-4.html; Peter Baker, "White House Softens Tone on Embryo Use", *Washington Post*, 25 jul. 2006, p. A7.

3. A legislação britânica do Human Reproductive Cloning Act (Lei de Clonagem Humana Reprodutiva) de 2001 está disponível em: http://www.opsigov.uk/acts/actszooi/20010023. htm.

## CONTRA A PERFEIÇÃO

4. Testemunho do senador Sam Brownback diante da Comissão de Apropriações do Senado, subcomissão de Trabalho, Saúde e Serviços Humanos e Educação, Washington, D.C., 26 abr. 2000, citado em press-release de Brownback, "Brownback Opposes Embryonic Stem Cell Research at Hearing Today", 26 abr. 2000, disponível em: http://brownbaclz.senate.gov/pressapp/record.cfm?id=176080&&year=2000&.

5. Discurso de Brownback na Marcha para a Vida anual de Washington, D.C, 22 jan. 2002, citado no press-release do senador "Brownback Speaks at Right to Life March", 22 jan. 2002, disponível em: http://brownback.senate.gov/pressczpp/record.cfm?id=18o278&&year=2002&.

6. Minha discussão nesta seção se baseia em minha argumentação (e a amplia) apresentada em Sandel, "The Anti-Cloning Conundrum", *New York Times*, 28 mai. 2002, e em minha opinião pessoal apresentada em *Human Cloning and Human Dignity: Report of the President's Council on Bioethics* (Nova York: PublicAffairs, 2002, pp. 343-347).

7. Senador Bill Frist, *Congressional Record-Senate*, 107th Cong., 2ª sessão, vol. 148, nº 37, 9 abr. 2002, pp. 2384-2385; Bill Frist, "Not Ready For Human Cloning", *Washington Post*, 11 abr. 2002, p. A29; Bill Frist, "Meeting Stem Cells' PromiseEthically", *Washington Post*, 18 jul. 2006; Mitt Romney, "The Problem with the Stem Cell Bill", *Boston Globe*, 6 mar. 2005, p. D11.

8. Charles Krauthammer, "Crossing Lines", *New Republic*, 29 abr. 2002, p. 23.

9. Para uma discussão valiosa sobre a distinção intenção/presciência (a chamada "*intention/foresight distinction*", ou "*I/F*

## NOTAS

*distinction*") aplicada aos debates sobre clonagem e pesquisa com células-tronco, ver William Fitzpatrick, "Surplus Embryos, Nonreproductive Cloning, and the Intend/Foresee Distinction", *Hastings Center Report*, mai.-jun. 2003, pp. 29-36.

10. Nicholas Wade, "Clinics Hold More Embryos Than Had Been Thought", *New York Times*, 9 mai. 2003, p. 24.

11. A frase "não haveria nada a perder" é de Gene Outka, "The Ethics of Human Stem Cell Research", *Kennedy Institute of Ethics Journal* 12, nº 2 (2002):175-213. Outka defende a atitude de meio-termo que critico. Ver também a discussão sobre o princípio de "nada a perder" no Conselho de Bioética do presidente George W. Bush, 25 abr. 2002, disponível em: http://www.bioethics.gov/transcripts/apro2/apr25session3.html.

12. Nesta seção e na seguinte, eu me baseio em argumentos (e os amplio) que apresentei em Sandel, "Embryo Ethics: The Moral Logic of Stem Cell Research", *New England Journal of Medicine* 351 (15 jul. 2004), pp. 207-209; e em minha argumentação em *Human Cloning and Human Dignity*.

13. Paul McHugh, meu colega no Conselho de Bioética do presidente George W. Bush, estende a discussão desse ponto de vista. Ver "Statement of Dr. McHugh" no apêndice a *Human Cloning and Human Dignity: The Report of the President's Council on Bioethics* (Nova York: PublicAffairs, 2002, pp. 332-333); e Paul McHugh, "Zygote and 'Clonote': The Ethical Use of Embryonic Stem Cells", *New England Journal of Medicine* 351 (15 jul. 2004), pp. 209-211. Quando McHugh fez essa sugestão pela primeira vez nos debates do conselho, foi criticado quase às raias da ridicularização. Mas uma declaração subsequente de Ru-

## CONTRA A PERFEIÇÃO

dolph Jaenisch, biólogo especialista em células-tronco do MIT, ofereceu a base científica para a distinção de zigoto e "clonoto" feita por McHugh. Ver a apresentação de Rudolph Jaenisch e a discussão subsequente nas atas do Conselho de Bioética do presidente George W. Bush de 24 jul. 2003, disponível em: http://www.bioethics.gov/transcripts/july03/session3.html.

14. Para uma discussão crítica dessa analogia, ver Robert P. George e Patrick Lee, "Acorns and Embryos", *New Atlantis* 7 (outono de 2004/inverno de 2005):90-100. Seu artigo é uma resposta a Sandel, "Embryo Ethics".

15. Richard Tuck foi quem me chamou a atenção para o paradoxo sorites, e David Grewal apontou sua relevância no debate sobre o estatuto moral dos embriões.

16. "President Discusses Stem Cell Research Policy", Escritório do Porta-Voz da Casa Branca, 19 jul. 2006, disponível em: http://www.whitehouse.gov/news/releases/2006/07/20060719-3.html

17. George J. Annas, "A French Homunculus in a Tennessee Court", *Hastings Center Report* (19 nov. 1989), pp. 20-22.

18. Na reprodução natural, o índice de perda de embriões é de 60% a 80%. Segundo o dr. John M. Opitz, professor de pediatria, genética humana e ginecologia obstetrícia da Faculdade de Medicina da Universidade de Utah, cerca de 80% dos óvulos fertilizados não sobrevivem e aproximadamente 60% daqueles que atingem o estágio do sétimo dia de vida fenecem. Ver a apresentação do dr. John M. Opitz no Conselho de Bioética do presidente George W. Bush, Washington, D.C., 16 jan. 2003, disponível em: http://www.bioethicsgov/transcripts/jan03/session1.html. Um estudo publicado no *International Journal of Fertility* revelou que pelo menos 73% dos embriões concebidos

## NOTAS

naturalmente não sobrevivem até o fim das seis primeiras semanas de gestação e, dentre os que o fazem, aproximadamente 10% não sobrevivem até o término do período gestacional. Ver C.E. Boklage, "Survival Probability of Human Conceptions from Fertilization to Term", *International Journal of Fertility* 35 (mar.-abr. 1990), pp. 75-94. Para uma discussão sobre as implicações éticas da perda de embriões na reprodução natural, ver John Harris, "Stem Cells, Sex, and Procreation", *Cambridge Quarterly of Healthcare Ethics* 12 (2003), pp. 353-371.

# ÍNDICE REMISSIVO

**A**

aborto, 31-32, 78-79, 94, 126

acaso, 92-95, 97

ADA – Lei dos Americanos com Deficiência, 53

Adderall, 68-69

Agar, Nicholas, 82

Agência Mundial Antidoping, 45, 134n6

Alemanha, 74-75, 85-86, 113-14

altitude artificial, treinamento em, 43-45

altura, melhoramento da, 27-30, 34, 59

Alzheimer, mal de, 25

animais de estimação, clonagem de, 15-16

Annas, George, 124

Arendt, Hannah, 88

Aristóteles, 30

atletas, 20, 93; dádiva e, 39; dedicação *versus* talento, 38-41; melhoramento muscular e, 21-24; regimes de, 45-46

autonomia, 19-20, 56, 100-1; direito dos filhos à, 18-19, 82, 84-86, 88; eugenia liberal, 82, 85-87

**B**

*baby boomers*, 25, 64

Baby Ivies, 66

bancos de sêmen, 80-81

Bannister, Roger, 43

basquete, 28, 40, 47-48, 78, 93

beisebol, 22, 37n, 39, 47-48, 61-62, 94, 135n16

betabloqueadores, 49-50

bioengenharia, 18, 70; como escolha de consumo, 21; escolha do sexo do bebê e, 30-35; melhoramento de altura, 27-30; mito do *self-made man* e, 92; práticas parentais e, 55. *Ver também* engenharia genética

bioética, 57-58, 82-83

biotecnologia, 15, 21, 25, 30, 41, 91

## CONTRA A PERFEIÇÃO

blastocisto, 106, 115-18, 120-22, 124, 129. *Ver também* embriões

Broadway, musicais da, 50-51

Brock, Dan W., 82

Brownback, Sam, 109-10, 114

Buchanan, Allen, 82

*Buck vs. Bell*, 73

Buck, Carrie, 73-74

Bush, George W., governo: política em relação às células-tronco, 106-7, 111, 121-23; testes em pré-escolares, 67

## C

cães, clonados, 16-17

California Cryobank, 80-81

*Carbon Copy* (Cópia de Carbono, primeiro gato clonado), 16

*Carruagens de fogo* (filme), 49, 52

células somáticas (não reprodutivas), 19

células-tronco, pesquisas com: diretrizes do governo Bush quanto à, 106-7, 111, 121-23; doenças degenerativas e, 105-6; embriões clonados *versus* "excedentes", 108-15, 147-48n13; questões morais em relação a, 106-8, 115-29

China, equilíbrio entre os sexos na, 33

ciência, 20, 60, 67

citômetro de fluxo, 33

clonagem, 17-18, 21, 35, 129; de animais de estimação, 16-17; humana, 17-19, 76, 79; para fins de reprodução, 18-19; para pesquisa com células-tronco, 107-15, 118-19

"clonotos", 119, 147-48n13

Cohen, Katherine, 65-66

Comitê Olímpico Internacional (COI), 22, 44

Congresso americano, 106, 110, 122

consumismo, 21, 63, 79, 81

Copérnico, Nicolau, 103

crianças: direito à autonomia da parte de, 18-19, 82, 84-86, 88; drogas prescritas a, 68-70; engenharia genética de, 15, 18-19 eugenia liberal e, 85, 88; "filhos projetados", 18-19, 21, 81-82, 87, 102-3; impulso dos pais ao domínio e, 56-66; melhoramento na altura de, 27-30; pressão do desempenho e, 66-70

"crianças projetadas", 18-19, 21, 81-82, 87, 102-3

Crick, Francis, 78

# ÍNDICE REMISSIVO

**D**

Daniels, Norman, 82
Darwin, Charles, 71, 103
Davenport, Charles B., 72
deficiências, 13-15, 28, 53, 57, 64, 73-74
demência, 25
desempenho, melhoramento do: esportes e, 40-49; *high* e *low tech*, 41-47; música e, 49-51
diagnóstico genético pré-implantação (PGD), 31-32, 79, 94
diagnósticos, compra de, 64-65
dignidade humana, 35, 115-18
Diller, Lawrence, 68
DiMaggio, Joe, 39
direitos individuais, 20, 99-101
doação de óvulos, 14, 79-80, 111
doenças e enfermidades, 19, 56, 103; pesquisa com células-tronco e, 105-6, 112-13, 128-29; prevenção de, 17; testes em embriões para detecção de, 32
Dolly (ovelha clonada), 18
Down, síndrome de, 30, 94
drogas: betabloqueadores, 49-50; estimulantes, 68-70, 93

melhoradores cognitivos, 25; melhoradores de desempenho, 22, 40, 42-43, 46, 92-95; para supressão da memória, 26
drosófilas (moscas), 24
Duchesneau, Sharon, 13-14
Dworkin, Ronald, 83

**E**

Educational Testing Service (Serviço de Exames Educacionais), 65
Eli Lilly (empresa), 28
embriões: células-tronco extraídas de, 106-7, 109; clones *versus* "excedentes", 108-15, 147-48n13; destruição de, 122-24, 127 estatuto moral dos, 114-29; intervenção em linha germinal e, 19-20; testes em, 31-32, 86. *Ver também* blastocisto
endocrinologia cosmética, 28
engenharia genética, 17, 54, 91, 100-1; autonomia e, 18-19; educação e treino em comparação com a, 60-62, 84; escolha e, 78, 97; eugenia e, 75-76, 85; liberdade humana e, 35; linha germinal, 19-20;

melhoramento da memória, 24-27; melhoramento muscular, 21-24; pressão pelo desempenho e, 69-70; projeto de maestria e dominação e, 103-4; reverência pela vida como uma dádiva e, 128-29. *Ver também* bioengenharia

envelhecimento, processo de, 21-22, 25, 95

eritropoietina (EPO), 44

escolas, testes padronizados em, 67-68

escolha, 18-19, 21, 76, 78, 80, 93-94, 102

espetáculo: artes performáticas e, 50-52; esporte como, 23, 46-48

espinha bífida, 30

esportes: atletas geneticamente alterados, 21-24; competições com ou sem melhoramento, 51; corrupção da essência do jogo, 47-49; degeneração em espetáculo, 23, 46-48, 53-54; esforço (dedicação) versus talento nos, 38-41; hiperempenho parental e, 61-62; melhoradores de desempenho nos, 40-49, 93-95; visão de Scalia sobre os, 53

Estados Unidos: clínicas de fertilidade nos, 113-14; clonagem nos, 108-9; eugenia nos, 71-75

esterilização, eugênica: compulsória, 61, 73-75, 82; incentivos do livre mercado à, 77

esteroides, 22-23, 37, 69; ganho de peso nos atletas e, 45-46; proibição de, 45-46

eugenia, 58, 60-61, 91; Alemanha nazista e, 75-76; Estados Unidos e, 71-75; Galton e, 71, 102; hiperempenho dos pais e, 70; liberal, 82-89; de livre mercado, 76-82; projeto de domínio e, 101-3; em Singapura, 76-77; solidariedade e, 97

**F**

"famílias mais qualificadas", competições de, 73

farmacêutica, indústria, 25-26, 28

fertilidade, clínicas de, 110-14, 124, 129 ; embriões "excedentes" nas, 125-26; processo MicroSort e, 33

filósofos, 21, 82, 85-88, 99, 120

Food and Drug Administration (FDA), 28

## ÍNDICE REMISSIVO

Frist, Bill, 110-11
função humana, 38
futebol americano, jogadores de, 22, 45

**G**

Galton, sir Francis, 71, 102
gatos, clonados, 16-17
*Gattaca – Experiência genética* (filme), 32, 92
genes, 19, 22, 45, 73, 96
Genetic Savings & Clone, 16
Genetics & IVF Institute, 33
genoma, 82, 102-3
Gibson, Aaron, 45
Graham, Robert, 80
Grubman, Jack, 66
Gumbrecht, Hans Ulrich, 135n16

**H**

Habermas, Jürgen, 85-88, 99
Harriman, sra. E.H., 72
Head Start, programa, 67
hiperempenho parental, 61-70
hipóxicos, aparelhos, 45
Hitler, Adolf, 74-75
Holmes, Oliver Wendell, 73-74
hormonais, tratamentos, 27-28, 45

hormônio do crescimento humano, 27-28, 46, 52, 59
Horne, Marilyn, 50
humildade, talento e, 91-93, 100
humor, 17, 20

**I**

igualdade, princípio liberal da, 86-87
imprevisto, abertura ao, 55, 91, 101
*in vitro*, fertilização (FIV), 31-32, 110-14; embriões "excedentes" e, 124-25; gravidez natural e perda de embriões, 125-27, 148-49n18
Independent Educational Consultants Association (Associação de Consultores Educacionais Autônomos), 65
Índia, aborto de fetos femininos na, 31
individualismo ético, 83-85
infanticídio, 32, 122, 125-26
infertilidade, 14, 33, 107, 110-13, 125-26
inteligência, 15, 20, 60; eugenia e, 73; quociente de (QI), 32, 34, 85, 103; testes padronizados de, 67
IvyWise, 65-66

## J
Jones, Marilee, 63
Jordan, Michael, 40, 48
justiça, 20, 23-24, 29, 82-84

## K
Kant, Immanuel, 99, 116
Krauthammer, Charles, 112

## L
Lee Kuan Yew, 76
liberal, eugenia, 82-89
liberdade, 35, 88-89, 101-2, 142-43n37; desgaste do papel humano e, 38; domínio prometeico e, 103-4; início contingente da vida e, 87-89, 99; sociedade justa e, 80
livre mercado, eugenia de, 76-82
Locke, John, 99
loteria genética, 15, 19, 83, 96-97, 102
luta livre, como esporte, 47-48

## M
maestria (domínio), 100, 144n7; controle e, 56, 91, 94; dádiva e, 39, 105; dominação e, 56-57, 70, 88-89; mistério do nascimento e, 88; projeto prometeico e, 39, 94, 102-3
maratonistas, 41, 43, 48
May, William F., 55-56, 59-60
McCullough, Candy, 13
medicina, 56-57, 62-63, 105
*Mein Kampf* (Hitler), 74
melhoramento: altura, 27-30; cirurgias plásticas em comparação com o, 20; como corrida sem sentido, 29, 58-59; consequencialismo e, 98-101; críticos e defensores do, 60-61, 75-76, 84; desempenho, 41-47, 49, 92-95; escolha e, 78 esportes e, 37; função humana e, 38; memória, 24-27; música, 49-52; músculos, 21-24; objeção moral ao, 56; santidade e, 98-99; solidariedade social e, 95-97
memória, 17, 24-27, 34
meritocracia, 39-40, 97
Micheli, Lyle, 62-63
MicroSort, processo, 33-34
moralidade: clonagem e, 17-19; deficiência intencional e, 13-14 direitos inalienáveis e, 99; engenharia genética e, 20-21; escolha do sexo do bebê

# ÍNDICE REMISSIVO

e, 32-33; imprevisibilidade genética e, 15-16; melhoramento e, 26-27; pesquisa com células-tronco e, 107-8, 114-29; responsabilidade e, 93-94; sociedade justa e, 86

músculos, melhoramento e, 21-24, 34

música, 49-52, 60; talento e, 98

## N

National Football League (NFL), 45-46

natureza: estatuto moral da, 21; eugenia e, 71; liberdade e, 87-88; loteria genética e, 103; manipulação da, 17; medicina e, 56-57, 105; reengenharia da, 17; santidade da, 98-99; nazismo, na Alemanha, 74-76; Nozick, Robert, 83

## O

Olimpíadas, 40

ópera, canto na, 50-51

óvulos humanos, 20, 31, 79-80, 129

## P

pais: deficiência intencional e, 13-14; direito do filho à autonomia e, 18-19, 56; doadoras de óvulos e, 14; escolha do sexo dos filhos e, 30; ética da dádiva e, 55; eugenia e, 84-85, 87; humildade e, 92; impulso ao domínio e, 56-66, 87-89; melhoramento da altura dos filhos e, 27, 30; pressão do desempenho nos filhos, 66-70; responsabilidade moral e, 94; transformar *versus* aceitar (amor), 59

pessoalidade, 118-21, 127-28

"plasma germinal", 80-81

política, 17, 21, 107-8, 121-23

pré-escolas, 66-67

"Prospect of Designed Genetic Change, The" (Sinsheimer), 101-2

## R

racismo, 72

ratos de laboratório, 22, 24-25

Rawls, John, 83, 86

religião, 86, 91, 98-99; embriões como pessoas e, 126; pesquisa com células-tronco e, 116

Repository for Germinal Choice, 80

respeito, garantia ao, 127-29

responsabilidade, talento e, 91-98

reverência, 91, 98-99, 105, 128

ritalina, 68-69

Roberts, Selena, 45

Rockefeller, John D., Jr., 72

Romney, Mitt, 110-11

Roosevelt, Theodore, 72

Rose, Pete, 39

Rothman, Cappy, 80-81

Rousseau, Jean-Jacques, 142-43n37

Ruiz, Rosie, 41

*Running on Ritalin* (Diller), 68

## S

Sanger, Margaret, 72

santidade, 98-99

SAT, cursos preparatórios para o, 60, 64

saúde, 56-58

Savulescu, Julian, 57

Scalia, juiz Antonin, 53

seguro, 95-97

sêmen (esperma), 20, 33; doadores de, 80-81, 111; mercado de, 79, 81, 128-29

Senado americano, 96, 110

sexo, escolha do (em bebês), 17, 30-35, 58, 92

sexual, orientação, 34, 78-79

Shapiro, Judith R., 63

Singapura, 76-77

Sinsheimer, Robert L., 101-2

sistemas de amplificação de som, 50-52

Sociedade Americana de Eugenia, 73

solidariedade, dádiva e, 91-92, 95-97, 100

sorites, paradoxo, 120

Suprema Corte dos Estados Unidos, 53, 73

surdez, 13-16, 57

Sweeney, H. Lee, 22

## T

talento (dom), 38-41, 55; dignidade humana e, 91-97; eugenia e, 88 santidade e, 98-99; talentos naturais, 39-42, 48, 54, 96

Talmude, 30

tecnologia, 48, 51, 54; práticas parentais e, 57-58, 60, 84-85; tendências instrumentalizadoras da, 128; *Ver também* biotecnologia

*telos* (objetivo): esporte e, 49, 52; medicina e, 57

teologia e teólogos, 21, 55, 86

*teoria da justiça, A* (Rawls), 83-84

## ÍNDICE REMISSIVO

terapia genética, 19, 21, 23, 44
Tommasini, Anthony, 50-51
transtorno do déficit de atenção
    e hiperatividade (TDAH),
    68-69

### U
universidade, alunos de, 64-66

### V
velhice, 22, 25-26, 95

### W
Watson, James, 78-79
Wikler, Daniel, 82
Williams, Richard, 61
Williams, Serena, 61
Williams, Venus, 61
Woods, Earl, 61
Woods, Tiger, 42, 61

### Z
zigotos, 119, 129, 147-48n13

Este livro foi composto na tipografia Adobe
Garamond Pro, em corpo 12/16, e impresso em
papel off-white no Sistema Cameron da
Divisão Gráfica da Distribuidora Record.